1 5年生の復習 ①

むずかしさ ★

月　日　名前

1 次の数を（　）に書きましょう。　〔1問　5点〕

① 100を2つと，10を5つと，1を9つと，0.1を6つと，……わせた数

（　　　　　　　　　）

② 1を8つと，0.1を4つと，0.01を7つと，0.001を5つあわせた数

（　　　　　　　　　）

2 次の各組の最大公約数を求め，（　）に書きましょう。　〔1問　5点〕

① （21，35）（　　　　　　　）

② （24，60）（　　　　　　　）

3 次の各組の分数を通分しましょう。　〔1問　5点〕

① $\left(\dfrac{3}{4}, \dfrac{2}{5} \right)$ （　　　　，　　　　）　② $\left(\dfrac{3}{8}, \dfrac{5}{12} \right)$ （　　　　，　　　　）

4 次の小数で表した割合を歩合で表しましょう。　〔1問　5点〕

① 0.2　（　　　　　　　）　② 0.125　（　　　　　　　）

③ 0.301　（　　　　　　　）　④ 1.25　（　　　　　　　）

5 時速42kmで走る自動車があります。この自動車が3時間で走る道のりは何kmですか。
〔10点〕

式

答え（　　　　　　　　　）

1

6 下の図のような平行四辺形と三角形の面積を求めましょう。 〔1問 5点〕

① 式

答え （ 　　　　　　　　 ）

② 式

答え （ 　　　　　　　　 ）

7 右の図のように，平行四辺形を2本の対角線で分けると，4つの三角形ができます。

〔1問 5点〕

① 三角形ＡＤＯ（エーディーオー）と合同な三角形はどれですか。

（ 　　　　　　　　 ）

② 三角形ＡＢＤ（ビー）と合同な三角形はどれですか。

（ 　　　　　　　　 ）

8 右の表は，2組の学級文庫の本の種類と，その数を表したものです。

〔1問 全部できて10点〕

① 種類ごとの百分率を計算して，右の表の（ ）に書き入れましょう。百分率は$\frac{1}{10}$の位（小数第1位）を四捨五入し，合計を100%にしましょう。

学級文庫の本の割合

種　類	数（さつ）	百分率（%）
読み物	35	（　　　）
社　会	26	（　　　）
理　科	20	（　　　）
その他	9	（　　　）
合　計	90	（　　　）

② 右の表を下の帯グラフに表しましょう。

学級文庫の本の割合

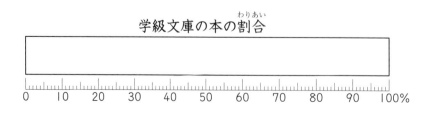

5年生の復習だよ。わからなかったところやまちがえたところは『5年生　数・量・図形』で，よく復習しておこう。

得点 　　　　　点

５年生の復習 ②

月　日　名前

1 ③, ⑥, ⑨ のカードを１枚ずつ使って３けたの整数をつくります。　〔1問　5点〕

① できる偶数のうち，いちばん大きい偶数を書きましょう。　（　　　　　）

② できる奇数のうち，いちばん小さい奇数を書きましょう。　（　　　　　）

2 分数は小数に，小数は分数になおして □ に書きましょう。　〔1問　5点〕

① $\frac{2}{5}$ = 　　　　　② $\frac{5}{8}$ =

③ 0.3 = 　　　　　④ 1.57 =

3 下の表はじゅんさんが１月から７月までに読んだ本のさっ数を調べたものです。ひと月平均何さつの本を読んだことになりますか。答えは $\frac{1}{100}$ の位（小数第２位）を四捨五入して求めましょう。　〔10点〕

月	1月	2月	3月	4月	5月	6月	7月
さっ数（さつ）	7	6	11	5	9	10	12

式

答え（　　　　　）

4 下の図の三角形の⑧の角度を計算で求めましょう。　〔1問　5点〕

①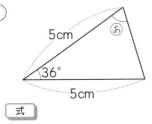

②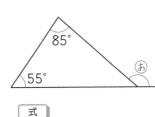

式 　　　　　式

答え（　　　　　）　　　答え（　　　　　）

5 次の図のまわりの長さを求めましょう。 〔10点〕

式

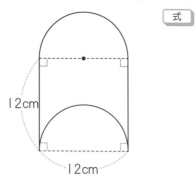

答え（ 　　　 ）

6 次の台形の面積を求めましょう。 〔10点〕

式

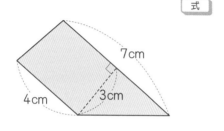

答え（ 　　　 ）

7 次のような立体の体積を求めましょう。 〔10点〕

式

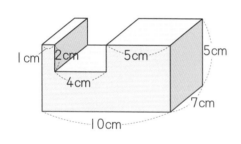

答え（ 　　　 ）

8 右の表は，A県とB県の面積と人口を表したものです。 〔1問 10点〕

① B県の人口密度を求め，右の表の（ ）に書き入れましょう。答えは四捨五入して，整数で求めましょう。

面積と人口

	A　県	B　県
面積（km²）	9646	9323
人口（万人）	126	109
人口密度（人）	131	（ 　　　 ）

② 人口密度が大きいのは，どちらの県ですか。 （ 　　　 ）

5年生の復習だよ。わからなかったところやまちがえたところは『5年生　数・量・図形』で，よく復習しておこう。

得点　　　点

分　数　①

月　　　日　　名前

始め
時　　分
▼
終わり
時　　分

むずかしさ
★★

1 分を時間の単位で表します。次の□にあてはまる整数か分数を書きましょう。

〔1問　1点〕

① 60分 = □ 時間

② 30分 = $\frac{30}{60}$ 時間 = □ 時間

③ 15分 = $\frac{15}{60}$ 時間 = □ 時間

④ 20分 = $\frac{20}{60}$ 時間 = □ 時間

⑤ 10分 = □ 時間

⑥ 5分 = □ 時間

⑦ 1分 = □ 時間

⑧ 45分 = □ 時間

⑨ 1時間50分 = $1\frac{50}{60}$ 時間 = □ 時間

⑩ 3時間25分 = □ 時間

2 時間を分の単位で表します。次の□にあてはまる数を書きましょう。　〔1問　2点〕

① 1時間 = □ 分

② $\frac{1}{60}$ 時間 = $60 \times \frac{1}{60}$ 分 = □ 分

③ $\frac{17}{60}$ 時間 = $60 \times \frac{17}{60}$ 分 = 17 分

④ $\frac{1}{30}$ 時間 = $60 \times \frac{1}{30}$ 分 = □ 分

⑤ $\frac{1}{20}$ 時間 = $60 \times \frac{1}{20}$ 分 = □ 分

⑥ $\frac{1}{15}$ 時間 = $60 \times \frac{1}{15}$ 分 = □ 分

⑦ $\frac{1}{10}$ 時間 = □ 分

⑧ $\frac{1}{6}$ 時間 = □ 分

$\overset{2}{60} \times \frac{1}{\underset{1}{30}} = □$

⑨ $\frac{5}{6}$ 時間 = □ 分

⑩ $\frac{1}{5}$ 時間 = □ 分

⑪ $\frac{4}{5}$ 時間 = □ 分

⑫ $\frac{1}{4}$ 時間 = □ 分

⑬ $\frac{3}{4}$ 時間 = □ 分

⑭ $\frac{1}{3}$ 時間 = □ 分

⑮ $8\frac{2}{3}$ 時間 = □ 時間 □ 分

⑯ $4\frac{1}{2}$ 時間 = □ 時間 □ 分

©くもん出版
5

3 秒を分の単位で表します。次の□にあてはまる整数か分数を書きましょう。

〔1問　1点〕

① 60秒 = □ 分

② 30秒 = $\frac{30}{60}$ 分 = □ 分

③ 15秒 = $\frac{15}{60}$ 分 = □ 分

④ 20秒 = $\frac{20}{60}$ 分 = □ 分

⑤ 10秒 = □ 分

⑥ 5秒 = □ 分

⑦ 1秒 = □ 分

⑧ 45秒 = □ 分

⑨ 1分12秒 = $1\frac{12}{60}$ 分 = □ 分

⑩ 5分8秒 = □ 分

4 分を秒の単位で表します。次の□にあてはまる数を書きましょう。

〔1問　3点〕

① 1分 = □ 秒

② $\frac{1}{60}$ 分 = $60 \times \frac{1}{60}$ 秒 = □ 秒

③ $\frac{59}{60}$ 分 = $60 \times \frac{59}{60}$ 秒 = □ 秒

④ $\frac{1}{30}$ 分 = $60 \times \frac{1}{30}$ 秒 = □ 秒

⑤ $\frac{1}{20}$ 分 = $60 \times \frac{1}{20}$ 秒 = □ 秒

⑥ $\frac{1}{15}$ 分 = $60 \times \frac{1}{15}$ 秒 = □ 秒

⑦ $\frac{7}{15}$ 分 = □ 秒

⑧ $\frac{1}{10}$ 分 = □ 秒

⑨ $\frac{1}{6}$ 分 = □ 秒

⑩ $\frac{1}{5}$ 分 = □ 秒

⑪ $\frac{4}{5}$ 分 = □ 秒

⑫ $\frac{1}{4}$ 分 = □ 秒

⑬ $\frac{3}{4}$ 分 = □ 秒

⑭ $\frac{1}{3}$ 分 = □ 秒

⑮ $4\frac{2}{3}$ 分 = □ 分 □ 秒

⑯ $2\frac{1}{2}$ 分 = □ 分 □ 秒

©くもん出版

まちがえた問題は，もう一度やり直してみよう。
まちがいがなくなるよ。

得点

点

分数 ②

月　日　名前

始め
時　　分
▼
終わり
時　　分

むずかしさ
★★

覚えておこう

- 2つの数の積が1になるとき，一方の数をもう一方の数の**逆数**といいます。
- $\dfrac{3}{7}$の逆数は$\dfrac{7}{3}$です。　　　$\dfrac{3}{7} \times \dfrac{7}{3} = 1$
- 帯分数は仮分数になおしてから，逆数を求めます。

1 次の分数の逆数を求め，(　)に書きましょう。　　　　　　〔1問　1点〕

① $\dfrac{3}{7}$ (　　　) ② $\dfrac{4}{9}$ (　　　) ③ $\dfrac{9}{16}$ (　　　)

④ $\dfrac{2}{5}$ (　　　) ⑤ $\dfrac{3}{14}$ (　　　) ⑥ $\dfrac{5}{8}$ (　　　)

⑦ $\dfrac{7}{3}$ (　　　) ⑧ $\dfrac{5}{2}$ (　　　) ⑨ $\dfrac{3}{10}$ (　　　)

⑩ $\dfrac{15}{7}$ (　　　) ⑪ $\dfrac{19}{5}$ (　　　) ⑫ $\dfrac{6}{1}$ (　　　)

⑬ $2\dfrac{1}{3}$ (　　　) ⑭ $2\dfrac{2}{5}$ (　　　) ⑮ $4\dfrac{2}{5}$ (　　　)

⑯ $5\dfrac{2}{9}$ (　　　) ⑰ $3\dfrac{7}{12}$ (　　　) ⑱ $2\dfrac{7}{10}$ (　　　)

2 次の整数の逆数を求め，(　)に書きましょう。　　　　　　〔1問　2点〕

① 4 (　　　) ② 9 (　　　) ③ 12 (　　　)

$4 = \dfrac{4}{1}$

3 次の小数の逆数を分数で(　)に書きましょう。　　　　　　〔1問　2点〕

① 0.7 (　　　) ② 0.9 (　　　) ③ 1.7 (　　　)

$0.7 = \dfrac{7}{10}$ 　　　　$1.7 = \dfrac{17}{10}$

④ 2.9 (　　　) ⑤ 3.3 (　　　) ⑥ 7.9 (　　　)

4 次の小数の逆数を分数で( )に書きましょう。

〔1問　2点〕

① 0.07　　（　　　　　）

② 0.03　　（　　　　　）

③ 0.09　　（　　　　　）

$$0.07 = \frac{7}{100}$$

④ 0.13　　（　　　　　）

⑤ 0.31　　（　　　　　）

⑥ 0.79　　（　　　　　）

⑦ 1.67　　（　　　　　）

⑧ 2.91　　（　　　　　）

⑨ 3.33　　（　　　　　）

$$1.67 = \frac{167}{100}$$

⑩ 4.73　　（　　　　　）

⑪ 7.51　　（　　　　　）

⑫ 9.99　　（　　　　　）

5 次の小数の逆数を，約分してかんたんな分数か整数で求めましょう。（分数は帯分数でもよいです。）

〔1問　2点〕

① 0.4　　（　　　　　）

② 0.6　　（　　　　　）

③ 0.8　　（　　　　　）

$$\frac{10}{4} = \square$$

④ 1.2　　（　　　　　）

⑤ 1.4　　（　　　　　）

⑥ 1.6　　（　　　　　）

⑦ 1.8　　（　　　　　）

⑧ 0.06　　（　　　　　）

⑨ 0.15　　（　　　　　）

⑩ 0.08　　（　　　　　）

⑪ 0.22　　（　　　　　）

⑫ 0.75　　（　　　　　）

⑬ 1.22　　（　　　　　）

⑭ 1.25　　（　　　　　）

⑮ 0.1　　（　　　　　）

$$\frac{10}{1} = \square$$

⑯ 0.2　　（　　　　　）

⑰ 0.5　　（　　　　　）

⑱ 0.01　　（　　　　　）

⑲ 0.04　　（　　　　　）

⑳ 0.25　　（　　　　　）

まちがえた問題は，もう一度やり直してみよう。
まちがいがなくなるよ。

得点　　　　　点

5 円 ①

月　日　名前

むずかしさ ★★

覚えておこう

円の面積＝半径×半径×3.14
（円周率）

半径

1 次のような円の面積は何cm²ですか。　　　　　〔1問　6点〕

① 1cm

式　1×1×3.14＝

答え（　　　　　　　）

② 3cm

式

答え（　　　　　　　）

③ 5cm

式

答え（　　　　　　　）

④ 4cm

式

答え（　　　　　　　）

⑤ 8cm

式

答え（　　　　　　　）

⑥ 12cm

式

答え（　　　　　　　）

©くもん出版

9

2 次のような図形の面積は何cm²ですか。 〔1問 8点〕

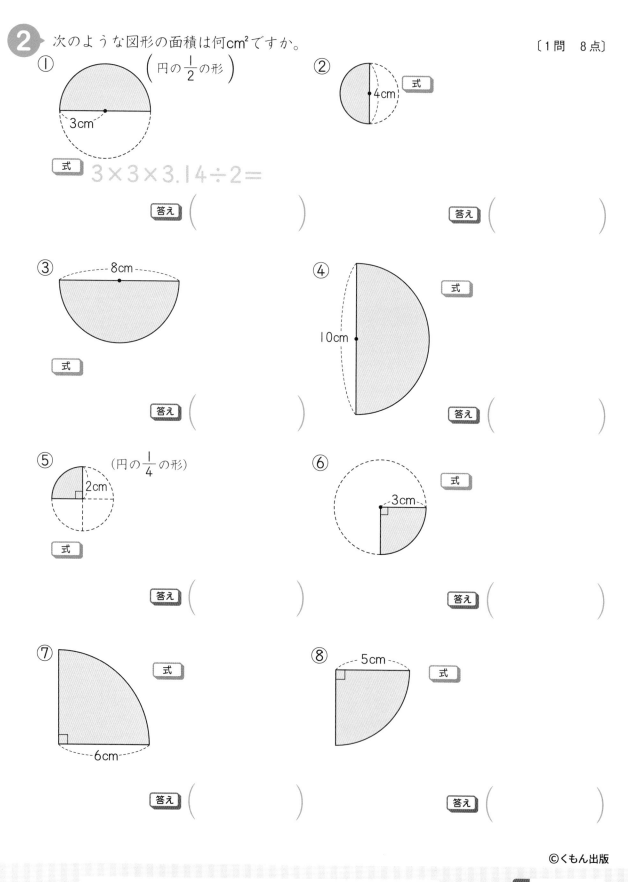

① $\left(円の\dfrac{1}{2}の形\right)$

3cm

式 $3 \times 3 \times 3.14 \div 2 =$

答え（　　　　　）

② 式

4cm

答え（　　　　　）

③ 8cm

式

答え（　　　　　）

④ 式

10cm

答え（　　　　　）

⑤ $\left(円の\dfrac{1}{4}の形\right)$

2cm

式

答え（　　　　　）

⑥ 3cm

式

答え（　　　　　）

⑦ 式

6cm

答え（　　　　　）

⑧ 5cm

式

答え（　　　　　）

円の面積の求め方は大切なので，しっかり覚える
まで何回も復習しよう。

得点

点

円 ②

1 次の図の □ の部分の面積は何cm²ですか。

〔1問　8点〕

①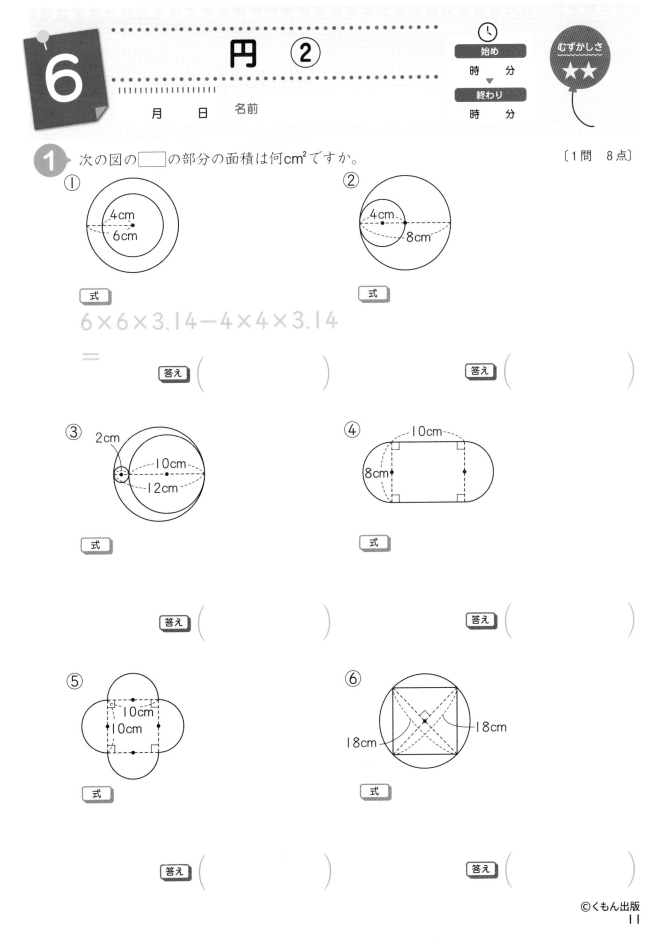

4cm
6cm

式

$6×6×3.14−4×4×3.14$

$=$

答え（　　　　　）

②

4cm
8cm

式

答え（　　　　　）

③

2cm
10cm
12cm

式

答え（　　　　　）

④

10cm
8cm

式

答え（　　　　　）

⑤

10cm
10cm

式

答え（　　　　　）

⑥

18cm
18cm

式

答え（　　　　　）

2 次の図の ▨ の部分の面積は何cm²ですか。 〔①②1問 8点, ③～⑥1問 9点〕

①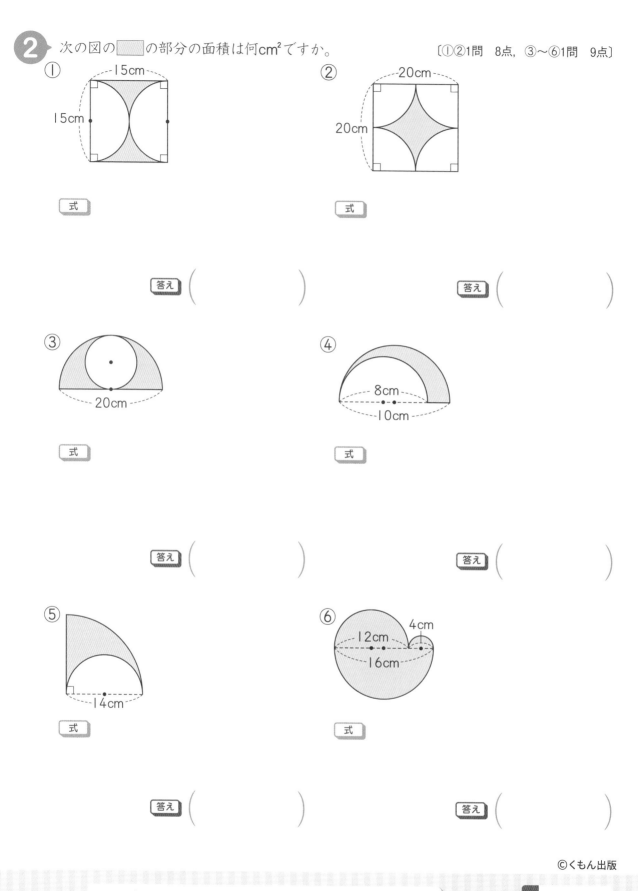

15cm

15cm

式

答え (   )

② 20cm

20cm

式

答え (   )

③

20cm

式

答え (   )

④

8cm
10cm

式

答え (   )

⑤

14cm

式

答え (   )

⑥

4cm
12cm
16cm

式

答え (   )

円といろいろな形が組み合わさってできた形だよ。1つ1つ面積を求めていけば解けるよ。

得点

点

体積 ①

月　日　名前

覚えておこう

● 角柱，円柱などの立体の底面の面積を**底面積**といいます。

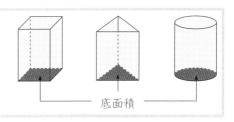

底面積

---

1 下の図のような立体の体積の求め方を考えましょう。　〔1問　全部できて6点〕

A

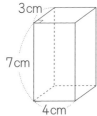

① 立体Aの体積を求めましょう。

式

| たて | 横 | 高さ |

答え（　　　　）

② 立体Aとたてと横の長さが同じで，高さが1cmの立体Bを考えます。この立体Bの体積は何cm³ですか。

式

答え（　　　　）

B

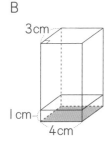

③ 立体Aが立体Bの何倍になるかを考えて，立体Aの体積を求めましょう。

式

答え（　　　　）

④ 立体Aの底面積を求めましょう。

式　たて　横

=

答え（　　　　）

⑤ 「底面積」と「四角柱の体積」の関係を考えます。次の（　）にあてはまることばを書きましょう。

㋐ 〔立体Bの体積を表す数は，立体Aの底面積を表す数と（　同じ　）です。〕

㋑ 〔直方体の体積＝<u>たて×横</u>×高さ＝（　　　　　）×高さ〕

⑥ 立体Aの体積を，底面積をもとに求めましょう。

式　底面積　高さ

=

答え（　　　　）

角柱の体積＝底面積×高さ

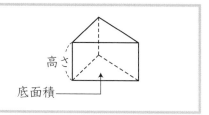

高さ

底面積

2 下の図のような角柱の体積を求めましょう。 〔1問 8点〕

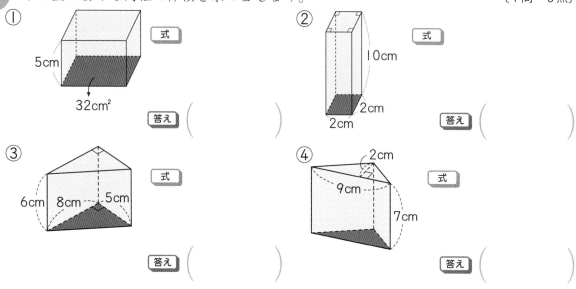

① 5cm 32cm² 式 答え（ ）

② 10cm 2cm 2cm 式 答え（ ）

③ 6cm 8cm 5cm 式 答え（ ）

④ 2cm 9cm 7cm 式 答え（ ）

3 下の図のような角柱の体積を求めましょう。 〔1問 8点〕

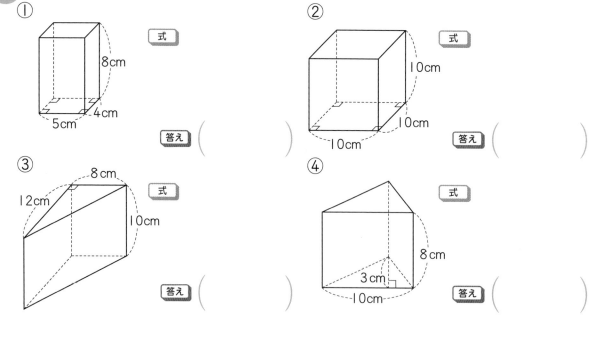

① 8cm 4cm 5cm 式 答え（ ）

② 10cm 10cm 10cm 式 答え（ ）

③ 8cm 12cm 10cm 式 答え（ ）

④ 8cm 3cm 10cm 式 答え（ ）

まちがえた問題は，もう一度やってみよう。

得点

点

体 積 ②

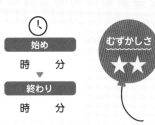

月　日　名前

覚えておこう

円柱の体積＝底面積×高さ

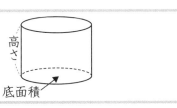
高さ
底面積

1 下の図のような円柱の底面積を求めましょう。　〔1問　6点〕

① 式

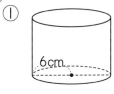
6cm

$6×6×3.14$
$=$

答え（　　　）

② 式

10cm

答え（　　　）

2 下の図のような円柱の体積を求めましょう。　〔①～③1問　6点, ④⑤1問　7点〕

① 式

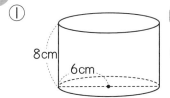
8cm
6cm

$6×6×3.14×8=$

答え（　　　）

② 式

12cm
3cm

答え（　　　）

③ 式

6cm
8cm

答え（　　　）

④ 円柱を2個かさねているもの

式

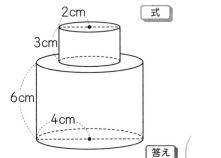
2cm
3cm
6cm
4cm

答え（　　　）

⑤ 円柱をたてに2等分したもの

式

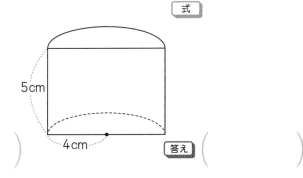
5cm
4cm

答え（　　　）

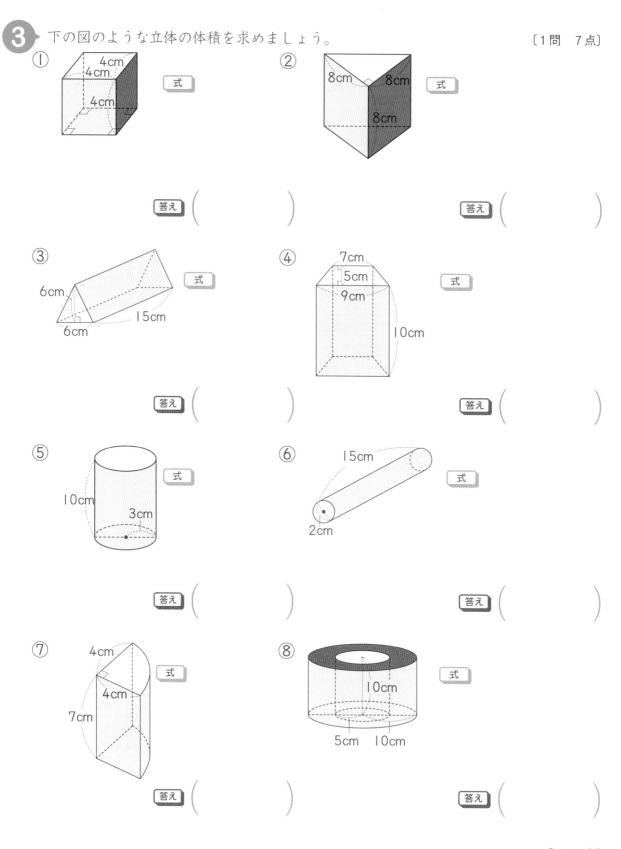

3 下の図のような立体の体積を求めましょう。　　　　　〔1問　7点〕

① 4cm 4cm 4cm　　式　　答え（　　　　　　）

② 8cm 8cm 8cm　　式　　答え（　　　　　　）

③ 6cm 6cm 15cm　　式　　答え（　　　　　　）

④ 7cm 5cm 9cm 10cm　　式　　答え（　　　　　　）

⑤ 10cm 3cm　　式　　答え（　　　　　　）

⑥ 15cm 2cm　　式　　答え（　　　　　　）

⑦ 4cm 4cm 7cm　　式　　答え（　　　　　　）

⑧ 10cm 5cm 10cm　　式　　答え（　　　　　　）

まちがえた問題は，もう一度やり直してみよう。
まちがいがなくなるよ。

得点

点

1 下の図の長さ A と，かさ B について，次の問題に答えましょう。　〔1問　5点〕

① 1cm を 1 とみると，A の長さはいくつとみることができますか。（ 40 ）

② 10cm を 1 とみると，A の長さはいくつとみることができますか。（　）

③ 20cm を 1 とみると，A の長さはいくつとみることができますか。（　）

④ 1dL を 1 とみると，B の量はいくつとみることができますか。（　）

⑤ 2dL を 1 とみると，B の量はいくつとみることができますか。（　）

⑥ 3dL を 1 とみると，B の量はいくつとみることができますか。（　）

⑦ 4dL を 1 とみると，B の量はいくつとみることができますか。（　）

⑧ 6dL を 1 とみると，B の量はいくつとみることができますか。（　）

覚えておこう

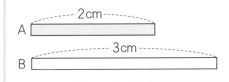

● 左の A と B の長さの割合^{わりあい}は，
　2：3 （二対三^{たい}）
　と表し，A と B の長さの比^ひといいます。

② 次の2つの量の比を書きましょう。　　　　　　　　　〔1問　8点〕

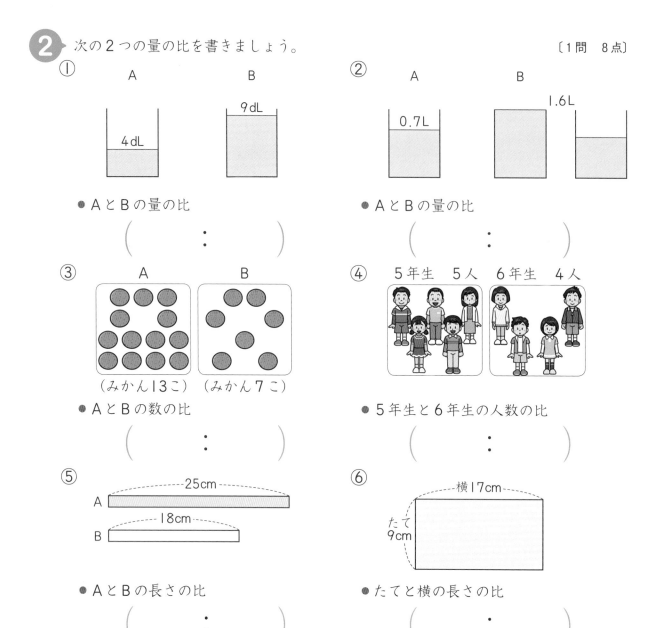

① 　　　　A　　　　　　　B

9dL

4dL

● AとBの量の比

(　　　：　　　)

② 　　　　A　　　　　　　B

1.6L

0.7L

● AとBの量の比

(　　　：　　　)

③ 　　　　A　　　　　　　B

（みかん13こ）（みかん7こ）

● AとBの数の比

(　　　：　　　)

④ 5年生　5人　6年生　4人

● 5年生と6年生の人数の比

(　　　：　　　)

⑤
A ──25cm──
B ──18cm──

● AとBの長さの比

(　　　：　　　)

⑥
横17cm
たて9cm

● たてと横の長さの比

(　　　：　　　)

③ 次のAとBの長さの比を書きましょう。　　　　　　　〔1問　6点〕

① 8cmのテープAと15cmのテープBの長さの比　　　(　　　　　)

② 27cmのリボンAと16cmのリボンBの長さの比　　　(　　　　　)

よくわからない問題があったら，また❶から順に
やり直してみよう。

得点　　　点

比 ②

月　日　名前

1 下のようなテープがあります。次の問題に答えましょう。　〔( )1つ　3点〕

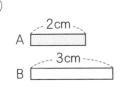

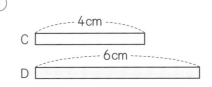

① ⑦と⑦で，それぞれ1cmを1とみたときのAとBの長さの比，CとDの長さの比
を書きましょう。　　A：B＝(　　　　　　)　　C：D＝(　　　　　　)

② ⑦で，2cmを1とみたときの，CとDの長さの比を書きましょう。

(　　　　　　)

③ ①，②から，A：BとC：Dは，同じ割合になっているといえますか。

(　　　　　　)

覚えておこう

● 同じ割合になっている比は**等しい比**といい，次のように等号で表します。
$$2：3＝4：6$$

---

2 次の比と等しい比を右の{ }から見つけ，( )に書きましょう。　〔1問　6点〕

① 1：2と等しい比　(　　　)　{ 2：3　　2：4　　2：5　　2：6 }

② 1：3と等しい比　(　　　)　{ 2：5　　2：7　　3：8　　3：9 }

③ 4：3と等しい比　(　　　)　{ 6：4　　8：6　　10：8　　12：10 }

④ 5：2と等しい比　(　　　)　{ 10：6　　12：4　　15：6　　20：12 }

$$×2$$
$$2:3=4:6$$
$$×2$$

$$÷2$$
$$4:6=2:3$$
$$÷2$$

● 比の記号（：）の前の数と後の数の両方に同じ数をかけても，両方を同じ数でわっても比は等しくなります。

3 等しい比になるように，□にあてはまる数を書きましょう。　〔1問　4点〕

① $×2$ $2:5=4:$ □ $×2$

② $1:3=4:$ □

③ $2:3=6:$ □

④ $3:4=9:$ □

⑤ $4:3=$ □ $:12$

⑥ $5:3=$ □ $:15$

⑦ $3:7=$ □ $:21$

⑧ $6:5=$ □ $:30$

⑨ $÷3$ $3:9=1:$ □ $÷3$

⑩ $9:12=3:$ □

⑪ $8:12=2:$ □

⑫ $16:12=4:$ □

⑬ $6:8=$ □ $:4$

⑭ $18:12=$ □ $:2$

⑮ $2.7:1.8=$ □ $:18=$ □ $:2$

⑯ $3.5:0.7=35:$ □ $=5:$ □

©くもん出版

まちがえた問題は，もう一度やり直して，まちがいをなくそう。

得点　　　点

月　　日　　名前

1 次のＡとＢで，Ｂを１とみたときＡはいくつにあたりますか。（　）に書きましょう。

〔１問　５点〕

①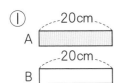
A ─20cm─
B ─20cm─
（　　　　）

② ─20cm─
A
B |10cm
（　　　　）

③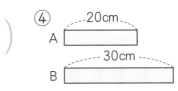
A ─20cm─
B ────40cm────
（　　　　）

④ A ─20cm─
B ───30cm───
（　　　　）

覚えておこう

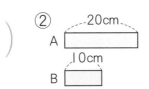
A ─20cm─
B ───30cm───

● 比の前の数を後の数でわった商を**比の値**といいます。

（Ａ：Ｂ）**2：3** → （比の値）**2 ÷ 3 = $\frac{2}{3}$**

$\left(\begin{array}{l}\text{Ａ：Ｂの比の値が}\frac{2}{3}\text{ということは，Ｂを１とみたと} \\ \text{き，Ａが}\frac{2}{3}\text{にあたる（ＡがＢの}\frac{2}{3}\text{倍）ということを表} \\ \text{しています。}\end{array}\right)$

---

2 次の比の値を求め，（　）に書きましょう。（約分できるものは約分する。）〔１問　３点〕

① １：３　（ $\frac{1}{3}$ ）

② ５：７　（　　　）

③ ３：８　（　　　）

④ ４：６　（　　　）

⑤ ９：12　（　　　）

⑥ ３：１　（　　　）

⑦ ７：５　（　　　）

⑧ ８：３　（　　　）

⑨ 24：36　（　　　）

⑩ 28：35　（　　　）

● 比の値が等しくなっている比は，**等しい比**です。

$2：3→$比の値$\dfrac{2}{3}$
$4：6→$比の値$\dfrac{2}{3}$
$\Big\}\longrightarrow 2：3＝4：6$

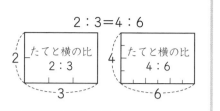

$2：3＝4：6$

たてと横の比 2：3
たてと横の比 4：6

③ 次の比と等しい比を右の{ }から見つけ，（ ）に書きましょう。　　〔1問　5点〕

① 1：3と等しい比　　（　　　　）
$\left\{\begin{array}{ll} 2：4 & 2：5 \\ 2：6 & 2：7 \end{array}\right\}$

② 3：5と等しい比　　（　　　　）
$\left\{\begin{array}{ll} 4：6 & 6：8 \\ 8：10 & 9：15 \end{array}\right\}$

④ 等しい比で，もっとも小さい整数の比になおすことを"比をかんたんにする"といいます。□にあてはまる数を書いて，次の比をかんたんにしましょう。　　〔1問　4点〕

① $\overset{\div 2}{\overgroup{4：6}}=\boxed{2}：\boxed{3}$　（$\div 2$）

② $0.4：0.8=\boxed{1}：\boxed{}$

③ $12：16=\boxed{：}$

④ $12：9=\boxed{：}$

⑤ $24：42=\boxed{：}$

⑥ $45：40=\boxed{：}$

⑤ 比の値が次の数のような比のうちで，いちばんかんたんな比を求め，（ ）に書きましょう。　　〔1問　4点〕

① $\dfrac{3}{5}$　（　　　　）

② $1\dfrac{3}{11}$　（　　　　）

③ 0.5　（　　　　）

④ 0.25　（　　　　）

まちがえた問題は，もう一度やってみよう。

得点　　　　点

対称な図形　①

始め
時　　分
▼
終わり
時　　分

むずかしさ
★★

月　　日　　名前

1 2つの合同な図形が組み合わされてできている図形はどれですか。（　）に○をつけましょう。　　　〔全部できて20点〕

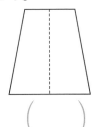 ㋐

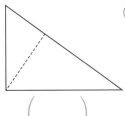 ㋑

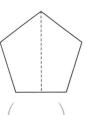 ㋒

 ㋓

（　　　）　　　（　　　）　　　（　　　）　　　（　　　）

㋔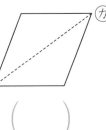

㋕

㋖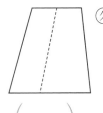

㋗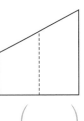

（　　　）　　　（　　　）　　　（　　　）　　　（　　　）

2 下の図で，二つ折りにすると，ぴったり重なる図形はどれですか。（　）に○をつけましょう。　　　〔全部できて20点〕

㋐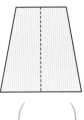

㋑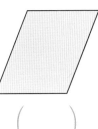

㋒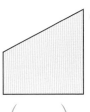

㋓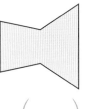

（　　　）　　　（　　　）　　　（　　　）　　　（　　　）

覚えておこう

● 二つに折るとぴったり重なる図形を **線対称な形** といいます。

3 下の図で線対称な形はどれですか。（　）に○をつけましょう。　　　〔全部できて20点〕

㋐ 　㋑ 　㋒ 　㋓ 　㋔

（　　　）　　　（　　　）　　　（　　　）　　　（　　　）　　　（　　　）

4 下の図で線対称な形はどれですか。（　）に○をつけましょう。　〔全部できて20点〕

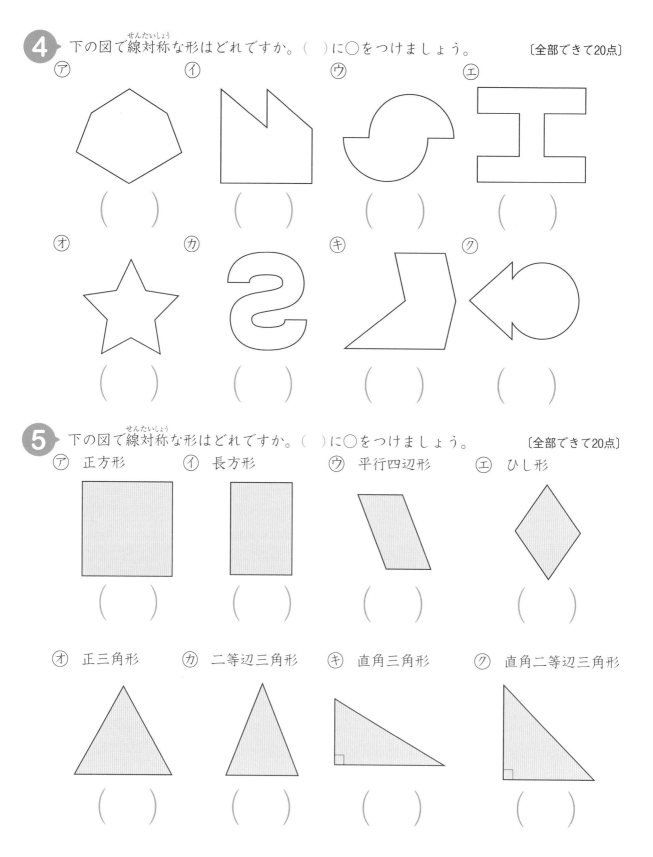

㋐　（　　）　㋑　（　　）　㋒　（　　）　㋓　（　　）

㋔　（　　）　㋕　（　　）　㋖　（　　）　㋗　（　　）

5 下の図で線対称な形はどれですか。（　）に○をつけましょう。　〔全部できて20点〕

㋐　正方形　（　　）　㋑　長方形　（　　）　㋒　平行四辺形　（　　）　㋓　ひし形　（　　）

㋔　正三角形　（　　）　㋕　二等辺三角形　（　　）　㋖　直角三角形　（　　）　㋗　直角二等辺三角形　（　　）

©くもん出版

身近にあるもので，線対称な形をさがしてみよう。

得点　　　点

対称な図形 ②

月　日　名前

始め
時　　分
▼
終わり
時　　分

むずかしさ
★★

1　下の図は線対称な形です。折り目はどこになりますか。——でかき入れましょう。

〔1問　4点〕

① ② ③ ④

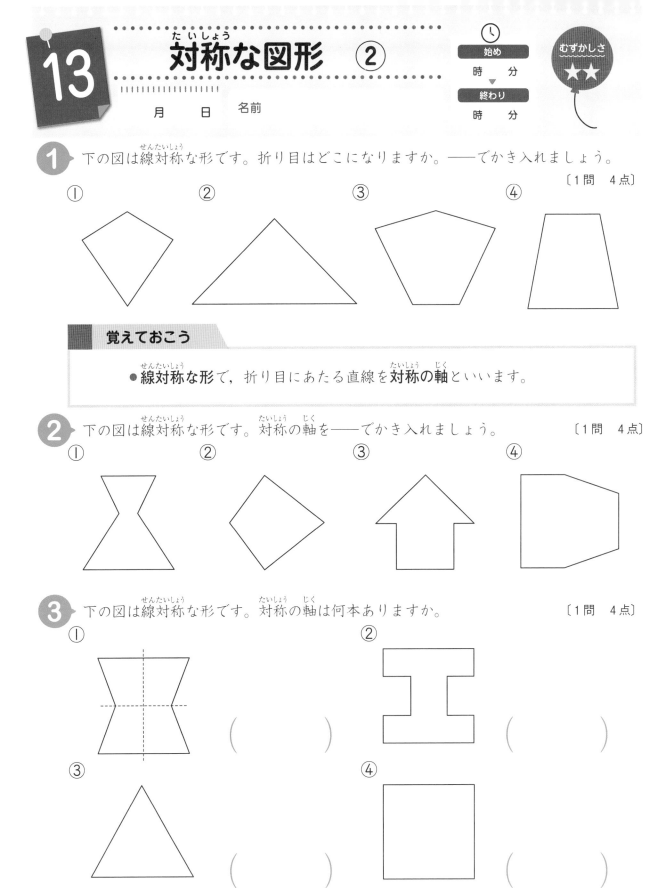

覚えておこう

● 線対称な形で，折り目にあたる直線を対称の軸といいます。

2　下の図は線対称な形です。対称の軸を——でかき入れましょう。　〔1問　4点〕

① ② ③ ④

3　下の図は線対称な形です。対称の軸は何本ありますか。　〔1問　4点〕

① （　　　）

② （　　　）

③ （　　　）

④ （　　　）

4 対称の軸ＡＢを折り目にして二つ折りにしたとき，重なり合う点や辺や角を，**対応する点，対応する辺，対応する角**といいます。下の線対称な形について，次の問題に答えましょう。

〔1問　全部できて8点〕

① 次のそれぞれの点に対応する点はどれですか。

点ア→（　　　　）　　　　点イ→（　　　　）

点ウ→（　　　　）　　　　点エ→（　　　　）

② 次のそれぞれの辺に対応する辺はどれですか。

辺アイ→（　　　　）　　　辺イウ→（　　　　）

辺ウエ→（　　　　）

③ 次のそれぞれの角に対応する角はどれですか。

角ア→（　　　　）　　　　角イ→（　　　　）

角ウ→（　　　　）　　　　角エ→（　　　　）

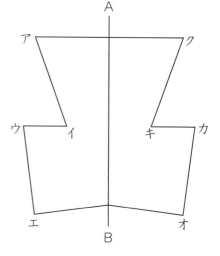

5 下の図は線対称な形です。この形について，次の問題に答えましょう。　〔1問　4点〕

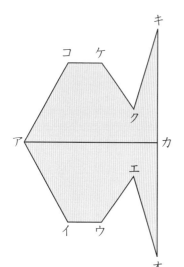

① 点イに対応する点はどれですか。（　　　　）

② 点クに対応する点はどれですか。（　　　　）

③ 辺アコに対応する辺はどれですか。（　　　　）

④ 辺イウと同じ長さの辺はどれですか。（　　　　）

⑤ 角コに対応する角はどれですか。（　　　　）

⑥ 角キと同じ大きさの角はどれですか。（　　　　）

⑦ 対称の軸はどれですか。（直線　　　）

まちがえた問題は，もう一度やり直してみよう。

得点　　　点

14 対称な図形 ③

むずかしさ ★★

月　日　名前

1 下の図は，直線ＡＢを対称の軸とする線対称な形です。次の問題に答えましょう。

〔1問　5点〕

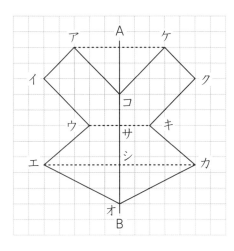

① 対応する点を結んだ直線アケ，直線ウキ，直線エカと，対称の軸ＡＢが交わる角度は何度ですか。

（　　　　　　　）

② 直線エカと対称の軸ＡＢが交わる点をシとすると，直線エシと等しい長さはどこですか。

（直線　　　　　　）

③ 直線ウキと対称の軸ＡＢが交わる点をサとすると，直線ウサの長さと等しいのは，どこですか。

（　　　　　　　）

覚えておこう

● 線対称な形では，対応する点を結んだ直線と対称の軸は垂直（90°）に交わります。

● 交わる点から左右の対応する点までの長さは等しくなっています。

交わる点

対称の軸

2 下の図は，直線ＡＢを対称の軸とする線対称な形です。次の問題に答えましょう。

〔1問　5点〕

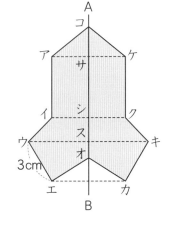

① 直線イクと対称の軸ＡＢは何度で交わっていますか。

（　　　　　　　）

② 直線キカの長さは何cmですか。

（　　　　　　　）

③ 角ウは100°です。角キは何度ですか。

（　　　　　　　）

④ 直線エオの長さは3cmです。直線カオの長さは何cmですか。

（　　　　　　　）

⑤ 直線ウキの長さは10cmです。直線ウスの長さは何cmですか。

（　　　　　　　）

3 下の図は，直線ＡＢを対称の軸とした線対称な形の半分をかいたものです。**手順Ⅰ～**
3にそって，線対称な形を完成させましょう。　　　　　　　〔1問　10点〕

（**手順Ⅰ**）それぞれの頂点から対称の軸に垂直な線をひく。
（**手順2**）対応する頂点を決める。
（**手順3**）頂点を順に結ぶ。

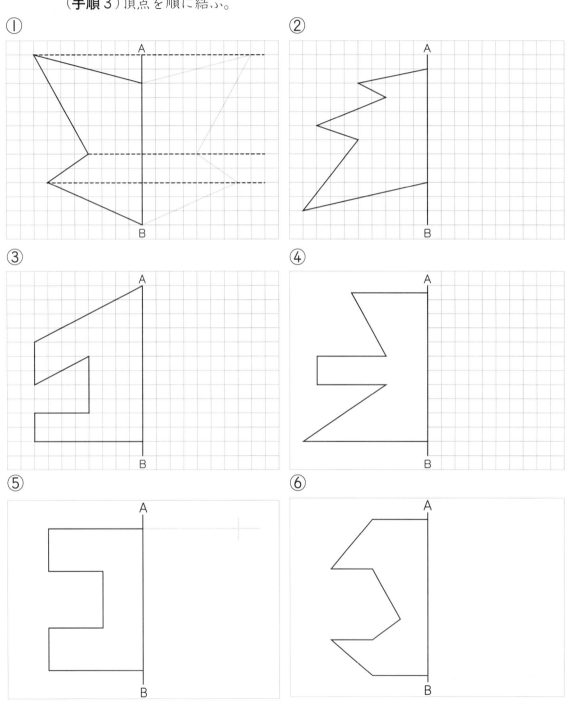

①　　　　　　　　　　　　　　　　②

③　　　　　　　　　　　　　　　　④

⑤　　　　　　　　　　　　　　　　⑥

©くもん出版

身近にあるもので，線対称な形をさがしてみよう。

得点

点

対称な図形 ④

むずかしさ
★★

月　日　名前

1 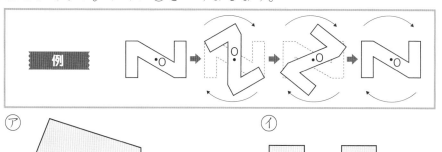 例のように点O(オー)を中心にして180°回転させたとき，もとの形とぴったり重なる形はどれですか。（　）に○をつけましょう。　〔全部できて20点〕

⑦ 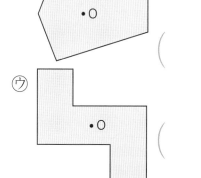　（　　　）

⑦ 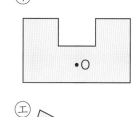　（　　　）

⑦ （　　　）

① 　（　　　）

覚えておこう

● 点Oを中心に180°回転させると，もとの形とぴったり重なる図形を，**点対称な形**といいます。

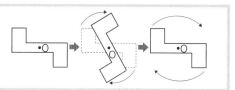

2 下の図で，点対称な図形を見つけ，（　）に○をつけましょう。　〔全部できて20点〕

⑦ 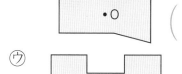　（　　　）

④ 　（　　　）

⑦ 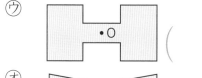　（　　　）

① 　（　　　）

⑦ 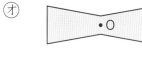　（　　　）

⑦ 　（　　　）

❸ 点Oを中心に180°回転したときに重なり合う点や辺や角を，**対応する点，対応する辺，対応する角**といいます。下の点対称な形について，次の問題に答えましょう。〔1問　5点〕

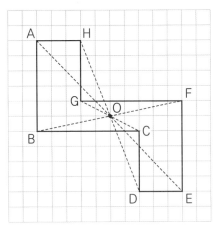

① 点Aに対応する点はどれですか。　（　　　　）

② 点Bに対応する点はどれですか。　（　　　　）

③ 辺AHに対応する辺はどれですか。　（　　　　）

④ 角Dに対応する角はどれですか。　（　　　　）

⑤ 対応する点を結んだ直線AE，BF，CG，DHがすべて通る点は，どの点ですか。　（　　　　）

⑥ 直線OAと長さが等しいのはどこですか。　（　　　　）

⑦ 直線OBと長さが等しいのはどこですか。　（　　　　）

❹ 下の図は点Oを対称の中心とする点対称な形です。この形について，次の問題に答えましょう。〔1問　5点〕

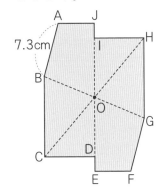

① 直線BGや直線CHが通る点を何といいますか。　（　　　　）

② 辺FGの長さは何cmですか。　（　　　　）

③ 角Aは110°です。角Fは何度ですか。　（　　　　）

④ 直線OCの長さは10.6cmです。直線OHの長さは何cmですか。　（　　　　）

⑤ 直線DIの長さは16cmです。直線OIの長さは何cmですか。　（　　　　）

身近にあるもので，点対称な形をさがしてみよう。

得点　　　点

対称な図形 ⑤

月　日　名前

覚えておこう

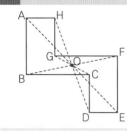

● 点対称な形の対称の中心は，対応する点を結んだ直線が交わる点です。

● 左の図では，直線AE，BF，CG，DHが交わっている点Oが，対称の中心です。

1 下の図は点対称な形です。対応する点を結んで，対称の中心Oをかき入れましょう。

〔1問　10点〕

①

②

③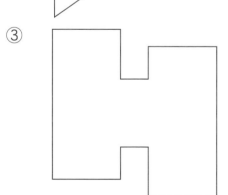

④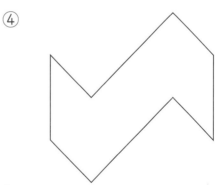

2 下の図は点Oを対称の中心とする点対称な形です。点Aに対応する点Bをかき入れましょう。

〔1問　10点〕

①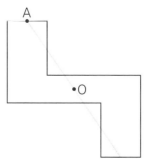

②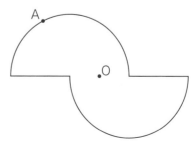

3 下の図は，点Oを対称の中心として，点対称な形の半分をかいたものです。**手順１〜**
３にそって，点対称な形を完成させましょう。 〔1問 10点〕

(**手順１**) それぞれの頂点と対称の中心を通る直線をひく。
(**手順２**) 対応する頂点を決める。
(**手順３**) 頂点を順に結ぶ。

①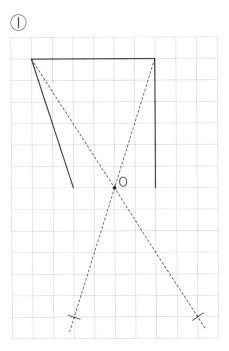

②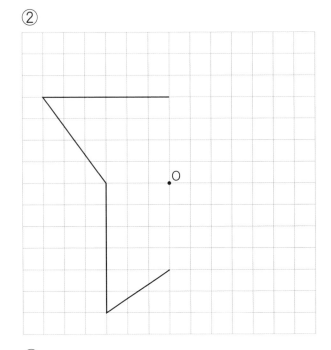

③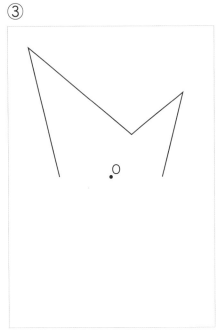

④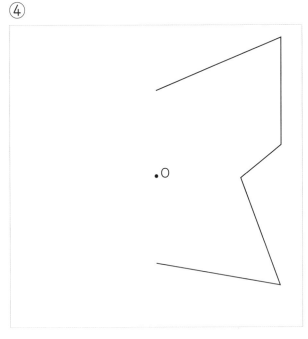

まちがえた問題はもう一度やり直して，どこ
でまちがえたかたしかめておこう。

得点

点

拡大図と縮図 ①

始め
時　分
▼
終わり
時　分

むずかしさ
★★

月　日　名前

1 下の①～④の形は，⑦の形をもとにして表した形です。次の問題に①～④の記号で答えましょう。

〔1問　10点〕

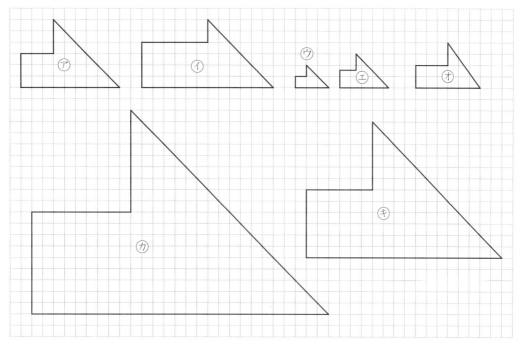

① 対応する角がすべて⑦と等しく，対応する辺の長さが⑦の2倍になっている形はどれですか。　　　　（　　　　）

② 対応する角がすべて⑦と等しく，対応する辺の長さが⑦の3倍になっている形はどれですか。　　　　（　　　　）

③ 対応する角がすべて⑦と等しく，対応する辺の長さが⑦の $\frac{1}{2}$ になっている形はどれですか。　　　　（　　　　）

④ 対応する角がすべて⑦と等しく，対応する辺の長さが⑦の $\frac{1}{3}$ になっている形はどれですか。　　　　（　　　　）

覚えておこう

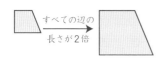

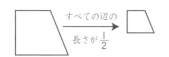

● もとの図と形（角の大きさ）が同じで，対応する辺の長さがどれも2倍になっている図を **2倍の拡大図** といいます。

● もとの図と形（角の大きさ）が同じで，対応する辺の長さがどれも $\frac{1}{2}$ になっている図を **$\frac{1}{2}$ の縮図** といいます。

2 下の①〜⑪の台形は，⑦の形をもとにして対応する角の大きさが等しくかかれています。

〔（ ）1つ 10点〕

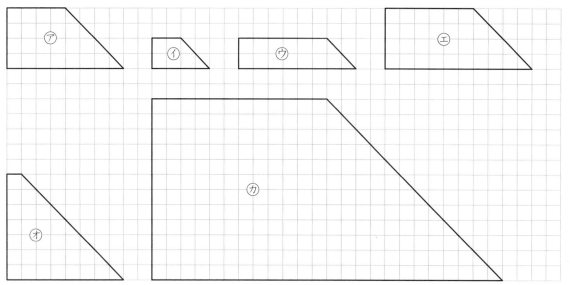

① ⑦の拡大図はどれですか。また，何倍の拡大図ですか。

（ 　　　 ） （ 　　　 ）

② ⑦の縮図はどれですか。また，何分の一の縮図ですか。

（ 　　　 ） （ 　　　 ）

3 下の図の中から，⑦の拡大図，縮図を選んで，（ ）に記号で答えましょう。

〔（ ）1つ 10点〕

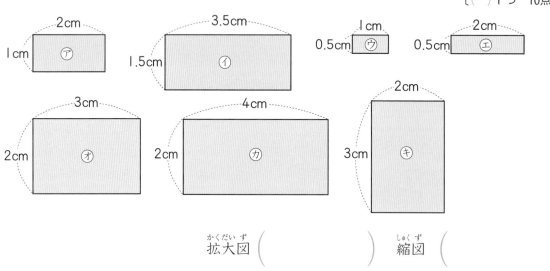

拡大図 （ 　　　　　　 ） 縮図 （ 　　　　　　 ）

©くもん出版

拡大図と縮図の関係にある形を見つけてみよう。

得点

点

拡大図と縮図 ②

月　　日　名前

1　三角形ＡＢＣと三角形ＤＥＦは，縮図・拡大図の関係になっています。次の問題に答えましょう。

〔（　）1つ　4点〕

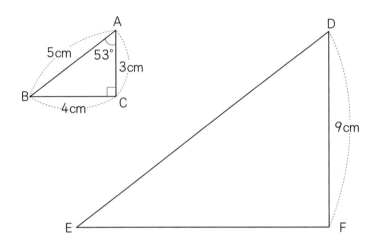

① 次のそれぞれの点に対応する点はどれですか。

点Ａ→（　　　　　　　）

点Ｂ→（　　　　　　　）

点Ｃ→（　　　　　　　）

② 次のそれぞれの辺に対応する辺はどれですか。

辺ＡＢ→（　　　　　　　）

辺ＢＣ→（　　　　　　　）

辺ＣＡ→（　　　　　　　）

③ 次のそれぞれの角に対応する角はどれですか。

角Ａ→（　　　　　）　　　角Ｂ→（　　　　　）　　角Ｃ→（　　　　　）

④ 次のそれぞれの角の大きさは何度ですか。

角Ｄ→（　　　　　）　　　角Ｆ→（　　　　　）　　角Ｅ→（　　　　　）

⑤ 辺ＤＦの長さは，辺ＡＣの長さの何倍になっていますか。

（　　　　　　　）

⑥ 辺ＡＢの長さは5cmです。辺ＤＥの長さは何cmですか。

（　　　　　　　）

⑦ 三角形ＤＥＦは，三角形ＡＢＣの何倍の拡大図ですか。

（　　　　　　　）

⑧ 三角形ＡＢＣは，三角形ＤＥＦの何分の一の縮図ですか。

（　　　　　　　）

⑨ 三角形ＡＢＣと三角形ＤＥＦの対応する辺の長さを，かんたんな比で表しましょう。

（　　　　　　　）

2 下の図の⑦と①は縮図・拡大図の関係になっています。次の問題に答えましょう。

〔1問　4点〕

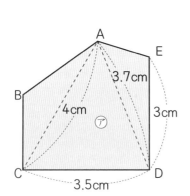

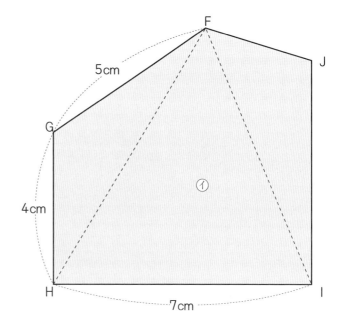

① ①は⑦の何倍の拡大図ですか。 （　　　　　　　）

② ⑦は①の何分の一の縮図ですか。 （　　　　　　　）

③ 辺ＡＢの長さは何cmですか。 （　　　　　　　）

④ 辺ＢＣの長さは何cmですか。 （　　　　　　　）

⑤ 辺ＩＪの長さは何cmですか。 （　　　　　　　）

⑥ ⑦と①の対応する辺の長さを，かんたんな比で表しましょう。 （　　　　　　　）

⑦ 縮図・拡大図では，対角線の長さの比も対応する辺の長さの
比と等しくなります。対角線ＡＣは４cmです。対角線ＦＨの
長さは何cmですか。 （　　　　　　　）

⑧ 対角線ＡＤは3.7cmです。対角線ＦＩの長さは何cmですか。 （　　　　　　　）

まちがえた問題はやり直して，どこでまちがえた
のかたしかめておこう。

得点　　　　　点

拡大図と縮図　③

むずかしさ
★★

月　　日　　名前

1 方眼紙の目もりを利用して，左の四角形の2倍の拡大図をかきましょう。　〔10点〕

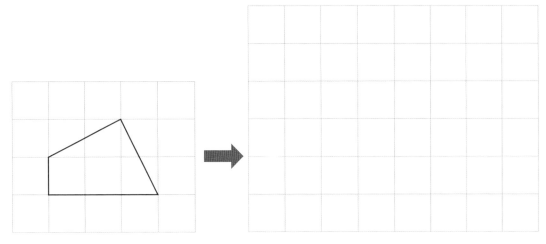

2 三角形ＡＢＣの2倍の拡大図を①〜③の3通りの方法でかきましょう。　〔1問　10点〕

① 角Ｂをはかり，辺ＡＢ，辺ＢＣを2倍にかく。

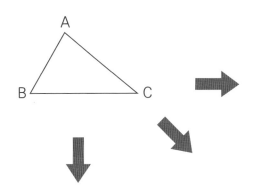

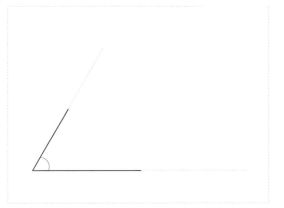

② 3つの辺の長さを2倍にかく。

③ 辺ＢＣを2倍にかいて角Ｂ，角Ｃをはかる。

3 三角形ＡＢＣの$\frac{1}{2}$の縮図を①〜③の3通りの方法でかきましょう。　〔1問　10点〕

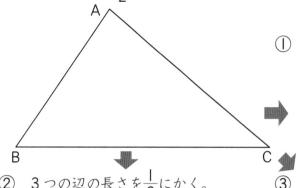

① 角Ｂをはかり, 辺ＢＣと辺ＡＢを$\frac{1}{2}$にかく。

② 3つの辺の長さを$\frac{1}{2}$にかく。

③ 辺ＢＣを$\frac{1}{2}$にかいて, 角Ｂ, 角Ｃをはかる。

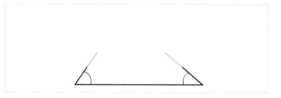

4 1つの頂点からひいた直線を利用して, 四角形ＡＢＣＤの3倍の拡大図と$\frac{1}{2}$の縮図をかきましょう。　〔それぞれ　10点〕

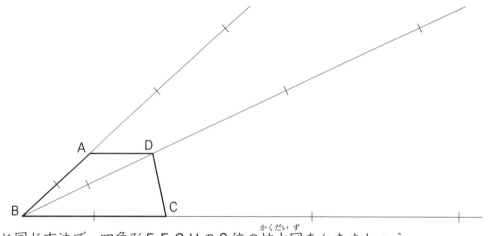

5 4と同じ方法で, 四角形ＥＦＧＨの2倍の拡大図をかきましょう。　〔10点〕

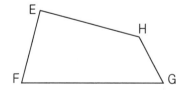

問題のほかにも, いろいろな形の拡大図や縮図をかいてみよう。

得点　　点

20 拡大図と縮図 ④

月　日　名前

覚えておこう

● 実際の長さを縮めた割合を**縮尺**といいます。縮尺は次のように表されます。

例　$\dfrac{1}{1000}$ 1：1000 $\Bigg\}$（実際の長さを $\dfrac{1}{1000}$ の長さに縮めた縮尺）

1 右の図は，ある学校の校庭を縮図にしたものです。次の問題に答えましょう。

〔1問　5点〕

① この縮図の縮尺はどのように表されていますか。

（　　　　　　　）

② この縮図の中の長さは，実際の長さの何分の一ですか。

（　　　　　　　）

③ この縮図の中の1cmは，実際には何cmですか。

式　1×1000＝

答え（　　　　　　　）

④ この縮図の3cmは，実際には何mですか。

式

答え（　　　　　　　）

$\dfrac{1}{1000}$

2 右の図は，家の近くの地図です。次の問題に答えましょう。

〔1問　5点〕

① この地図の縮尺はどのように表されていますか。

（　　　　　　　）

② この地図の中の長さは，実際の長さの何分の一ですか。

（　　　　　　　）

③ この地図の1cmは，実際には何mになりますか。

式

答え（　　　　　　　）

④ この地図の2.5cmは，実際には何mになりますか。

式

答え（　　　　　　　）

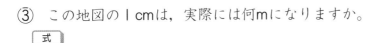

1：1000

3 次の縮尺で表された縮図上の長さは，実際には何mですか。　〔1問　4点〕

① 縮尺 $\dfrac{1}{10000}$ の縮図で 2 cmの実際の長さ

式 ~~2×10000=~~

答え（　　　　　　　　　）

② 縮尺 $\dfrac{1}{5000}$ の縮図で1.5cmの実際の長さ

式

答え（　　　　　　　　　）

③ 縮尺 $\dfrac{1}{3000}$ の縮図で 3 cmの実際の長さ

式

答え（　　　　　　　　　）

④ 縮尺 1：10000の縮図で 2 cmの実際の長さ

式

答え（　　　　　　　　　）

⑤ 縮尺 1：5000の縮図で2.5cmの実際の長さ

式

答え（　　　　　　　　　）

4 次のような縮図をかいたときの縮尺を分数と比の両方で表しましょう。

〔1問　両方できて10点〕

① 実際の長さが20mの道路を 1 cmにかいた。

式 ~~20m＝2000cm~~

~~1÷2000＝$\dfrac{1}{2000}$~~

答え（　　　　，　　　　）

② 実際の長さが500mの道路を 1 cmにかいた。

式

答え（　　　　，　　　　）

③ 実際の長さが1.2kmの道路を24cmにかいた。

式

答え（　　　　，　　　　）

④ 実際の長さが 3 kmの道路を12cmにかいた。

式

答え（　　　　，　　　　）

まちがえた問題はやり直して，どこでまちがえたのかたしかめておこう。

得点　　　　点

比 例 ①

覚えておこう

水そうに1分間に2Lずつ水を入れるときの，水を入れる時間とたまる水の量の関係を調べます。

		2倍	3倍			
時　間（分）	1	2	3	4	5	6	…
水の量（L）	2	4	6	8	10	12	…

●時間が2倍，3倍，…になると水の量も2倍，3倍，…になっています。このとき，水の量は時間に**比例**するといいます。

1 下の表は，いろいろな入れ物に水を入れるときの，水を入れる時間と，たまる水の深さの関係を表しています。水の深さは時間に比例していますか。比例しているものには○，比例していないものには×を（　）にかきましょう。 〔1問 10点〕

①
時　間　（分）	1	2	3	4	5	6
水の深さ(cm)	3	6	9	12	15	18

（　　　）

②
時　間　（分）	1	2	3	4	5	6
水の深さ(cm)	2	3	4	6	10	16

（　　　）

③
時　間　（分）	1	2	3	4
水の深さ(cm)	5	6	7	8

（　　　）

④
時　間　（分）	1	2	3	4
水の深さ(cm)	5	10	15	20

（　　　）

⑤
時　間　（分）	2	4	6	8
水の深さ(cm)	10	20	30	40

（　　　）

⑥
時　間　（分）	2	4	6	8
水の深さ(cm)	10	15	20	30

（　　　）

2 下の表の2つの量は，どのように変化していきますか。表のあいているらんに数を書き入れて，表を完成させましょう。また，2つの量が比例するものには○，比例しないものには×を（　）にかきましょう。

〔1問　全部できて8点〕

① 1分間に3Lずつ水を入れるときの，入れる時間とたまる水の量の関係

時　間(分)	1	2	3	4	5	6	7	…
水の量(L)	3	6	9					…

（　　　）

② たん生日が同じ母と子の年れいの関係

母の年れい(オ)	25	26	27	28		…
子の年れい(オ)	1	2	3			…

（　　　）

③ 1個70円のパンを買ったときの，パンの個数と代金の関係

個　数(個)	1	2	3				…
代　金(円)	70						…

（　　　）

④ 12mのテープを何本か同じ長さに分けたときの，分けた本数と1本のテープの長さの関係

本　数(本)	1	2	3	4	5	6	7	…
テープの長さ(m)	12	6	4					…

（　　　）

⑤ 時速80kmで走る電車の，走る時間と道のりの関係

時　間(時間)	1	2	3	4			…
道のり(km)	80						…

（　　　）

比例の関係にある2つの量を考えてみよう。

得点　　　点

むずかしさ ★★

始め　　時　　分
▼
終わり　時　　分

月　　日　　名前

1 下の表は，水そうに水を入れるときの，入れる時間とたまる水の量が比例する関係を表しています。次の問題に答えましょう。　　〔1問　5点〕

	Ⓐ			Ⓑ							
時　間（分）	1	2	3	4	5	6	7	8	9	10	…
水の量（L）	3	6	9	12	15	18	21	24	27	30	…

① Ⓐのところでは，時間の変わり方は何分の一ですか。

式　$1 \div 3 = \dfrac{1}{3}$　　　　答え（　　　　）

② Ⓐのところでは，水の量の変わり方は何分の一ですか。

式　$3 \div 9 = \dfrac{1}{3}$　　　　答え（　　　　）

③ Ⓑのところでは，時間の変わり方は何分の一ですか。

式　　　　　　　　　　答え（　　　　）

④ Ⓑのところでは，水の量の変わり方は何分の一ですか。

式　　　　　　　　　　答え（　　　　）

2 下の表は，水そうに水を入れるときの，入れる時間とたまる水の深さが比例する関係を表しています。次の問題に答えましょう。　　〔1問　2つできて15点〕

	Ⓐ				Ⓑ				
時　間（分）	1	2	3	4	5	6	7	8	9	…
水の深さ(cm)	4	8	12	16	20	24	28	32	36	…

① Ⓐのところでは，時間と水の深さの変わり方はそれぞれ何分の何ですか。

（時間）式　　　　　　　　　　（水の深さ）式

答え（　　　　）　　　　答え（　　　　）

② Ⓑのところでは，時間と水の深さの変わり方はそれぞれ何分の何ですか。

（時間）式　　　　　　　　　　（水の深さ）式

答え（　　　　）　　　　答え（　　　　）

水そうに水を入れるときの時間と水の量の関係

時　間 x（分）	1	2	3	4	5	6	…
水の量 y（L）	4	8	12	16	20	24	…

● 水の量 y（ワイ）が，時間 x（エックス）に比例するとき，上の表の y と x の関係は次のように表せます。

$$y = 4 \times x \quad \left(\begin{array}{l} y \text{の値（あたい）は，} x \text{の値（あたい）に} \\ \text{いつも 4 をかけた値（あたい）} \end{array} \right)$$

③ 次のそれぞれの場合に，y は x に比例しています。$y = \square \times x$ の $\square$ にあてはまる数を書きましょう。　　〔1問　5点〕

①

x	1	2	3	4	5	6	7	…
y	2	4	6	8	10	12	14	…

$$\left(y = \boxed{2} \times x \right)$$

②

x	1	2	3	4	5	6	7	…
y	30	60	90	120	150	180	210	…

$$\left(y = \boxed{} \times x \right)$$

③ 1分間に6Lずつ水を入れるときの，時間 x（分）とたまる水の量 y（L）の関係

$$\left(y = \boxed{} \times x \right)$$

④ 時速40kmで走る自動車の，走る時間 x（時間）と進む道のり y（km）の関係

$$\left(y = \boxed{} \times x \right)$$

④ 次のそれぞれの場合で，y が x に比例するものは，y と x の関係を式に表しましょう。また，比例しないものには×を（　）にかきましょう。　　〔1問　10点〕

① 1m150円のテープを買うときの長さ x（m）と代金 y（円）の関係　　（　　　　　）

② 5Lの水が入ったやかんの水を使うときの，使う水の量 x（L）と残りの水の量 y（L）の関係　　（　　　　　）

③ 正方形で，1辺の長さ x（cm）と，まわりの長さ y（cm）の関係　　（　　　　　）

まちがえた問題はもう一度やり直して，どこでまちがえたのかたしかめておこう。

得点　　　　点

比 例 ③

むずかしさ
★★

月　日　名前

1 下の表のように，水そうに水を入れる時間 x（分）とたまる水の量 y（L）は比例しています。下の表をグラフに表しましょう。（グラフの続きをかきましょう。）〔25点〕

水そうに水を入れる時間とたまる水の量

時　間 x（分）	0	1	2	3	4	5	6	7	8	9
水の量 y（L）	0	5	10	15	20	25	30	35	40	45

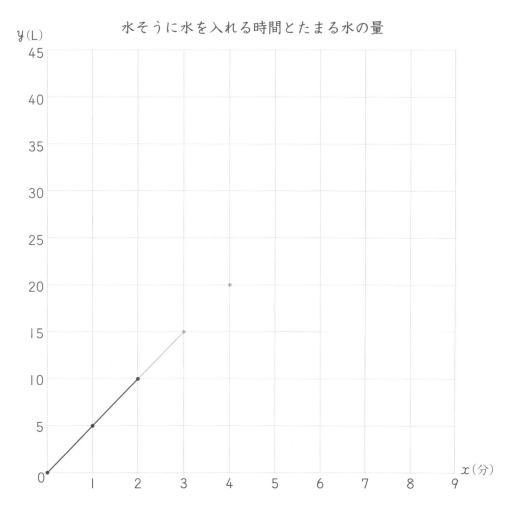

水そうに水を入れる時間とたまる水の量

覚えておこう

● 比例するグラフは，0の点を通る直線になります。

2 分速0.2kmで走る自転車の走った道のり y (km)は，走った時間 x (分)に比例します。この関係を表す下の表をもとにして，グラフをかきましょう。　〔25点〕

自転車の走った時間と走った道のり

時　間x（分）	0	1	2	3	4	5	6	7	8	9	10
道のりy（km）	0	0.2	0.4	0.6	0.8	1	1.2	1.4	1.6	1.8	2

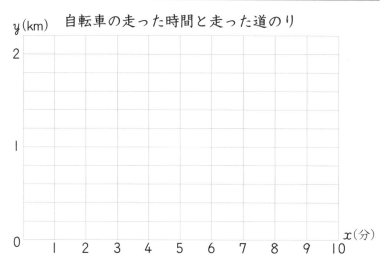

自転車の走った時間と走った道のり

3 1m150円のテープを買うときの代金 y (円)は，テープの長さ x (m)に比例します。この関係を表す下の表を完成させましょう。また，グラフをかきましょう。

〔表・グラフ　それぞれ25点〕

テープの長さと代金

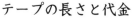

長　さx（m）	0	1	2	3	4	5	
代　金y（円）	0						

テープの長さと代金

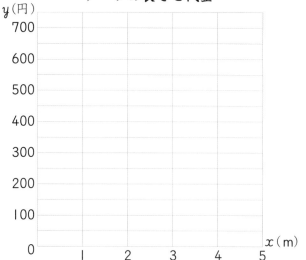

比例のグラフは0の点を通る直線になることを，よく覚えておこう。

得点　　　点

比 例 ④

月　日　名前

1 右のグラフは，水そうに水を入れる時間とたまる水の深さの関係を表したものです。次の問題に答えましょう。

〔1問　5点〕

① 水の深さは，入れる時間に比例しますか。

（　　　　　）

② 水を6分間入れると，水の深さは何cmになりますか。

（　　　　　）

③ 水の深さが20cmになるのは，何分間水を入れたときですか。

（　　　　　）

④ 1分間に何cm水がたまりますか。

（　　　　　）

（cm）水そうに水を入れる時間と水の深さ

2 右のグラフは，はり金の長さと重さの関係を表したものです。次の問題に答えましょう。

〔1問　5点〕

① はり金の重さは，長さに比例しますか。

（　　　　　）

② このはり金4mの重さは何gですか。

（　　　　　）

③ このはり金150gの長さは何mですか。

（　　　　　）

④ このはり金1mの重さは何gですか。

（　　　　　）

（g）　はり金の長さと重さ

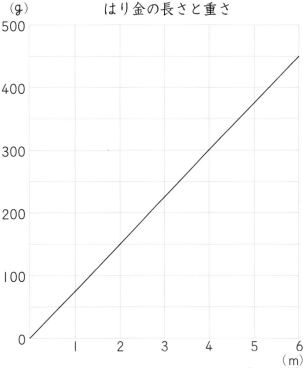

3 右のグラフは，テープを買うときの長さ x（m）と代金 y（円）の関係を表しています。次の問題に答えましょう。　〔1問　全部できて10点〕

① 右のグラフから x と y の値をよみとって，下の表を完成させましょう。

テープの長さと代金

長さ x（m）	1	2				
代金 y（円）	120					

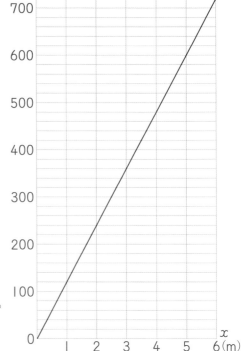

y（円）　テープの長さと代金

② $y \div x$ の値はいくつになりますか。

（　　　　　　　）

③ x と y の関係を $y = \square \times x$ の式に表しましょう。

（　　　　　　　）

4 右のグラフは，自動車の走る時間と，進む道のりの関係を表しています。次の問題に答えましょう。　〔1問　全部できて10点〕

① 右のグラフから x と y の値をよみとって，下の表を完成させましょう。

自動車の走る時間と道のり

時間 x（時間）	1	2				
道のり y（km）						

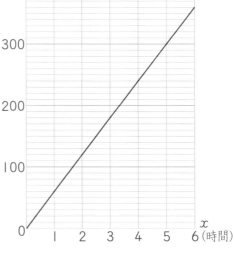

y（km）自動車の走る時間と道のり

② $y \div x$ の値はいくつになりますか。

（　　　　　　　）

③ x と y の関係を $y = \square \times x$ の式に表しましょう。

（　　　　　　　）

グラフの目もりをまちがえていないか，もう一度たしかめてみよう。

得点

点

25 反比例 ①

むずかしさ
★★

覚えておこう

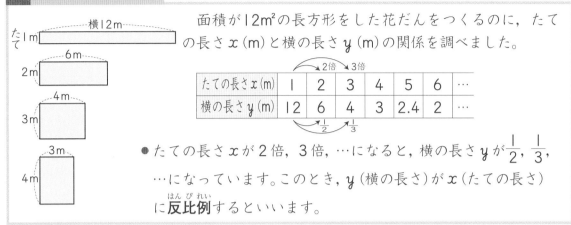

面積が12m²の長方形をした花だんをつくるのに，たての長さ x (m)と横の長さ y (m)の関係を調べました。

		2倍	3倍			
たての長さ x (m)	1	2	3	4	5	6	…
横の長さ y (m)	12	6	4	3	2.4	2	…
		$\frac{1}{2}$	$\frac{1}{3}$			

● たての長さ x が2倍，3倍，…になると，横の長さ y が $\frac{1}{2}$, $\frac{1}{3}$, …になっています。このとき，y (横の長さ)が x (たての長さ)に**反比例**するといいます。

1 次のそれぞれの場合について，y が x に反比例するものには○，しないものには×を（　）にかきましょう。　〔1問　10点〕

① 面積が18cm²の平行四辺形の底辺 x (cm)と，高さ y (cm)の関係

		2倍	3倍			
底　辺 x (cm)	1	2	3	4	5	6	…
高　さ y (cm)	18	9	6	4.5	3.6	3	…
		$\frac{1}{2}$	$\frac{1}{3}$			

（　　）

② 800円で買い物をするときに使ったお金 x (円)と残りのお金 y (円)の関係

		2倍	3倍			
使ったお金 x (円)	100	200	300	400	500	600	…
残りのお金 y (円)	700	600	500	400	300	200	…
		?	?			

（　　）

③ まわりの長さが20cmの長方形のたての長さ x (cm)と横の長さ y (cm)の関係

| たての長さ x (cm) | 1 | 2 | 3 | 4 | 5 | 6 | … |
| 横の長さ y (cm) | 9 | 8 | 7 | 6 | 5 | 4 | … |

（　　）

④ 面積6cm²の三角形の底辺 x (cm)と高さ y (cm)の関係

| 底　辺 x (cm) | 1 | 2 | 3 | 4 | 5 | 6 | … |
| 高　さ y (cm) | 12 | 6 | 4 | 3 | 2.4 | 2 | … |

（　　）

2️⃣ 下のそれぞれの場合について，y は x に反比例します。表のあいているらんに数を書き入れて，表を完成させましょう。　〔1問　全部できて10点〕

① 60cmのひもを何本か同じ長さに切るときの本数 x（本）と1本のひもの長さ y（cm）の関係

本　数 x（本）	1	2	3	4	5	6	7	8	…
1本のひもの長さ y（cm）	60	30							…

② 12Lの水そうをいっぱいにするときの，1分間に入れる水の量 x（L）とかかる時間 y（分）の関係

1分間に入れる水の量 x（L）	1	2	3	4	5	6	7	8	…
かかる時間 y（分）	12								…

3️⃣ 下の表の2つの量はどのように変化していきますか。表のあいているらんに数を書き入れて，表を完成させましょう。また，2つの量が反比例するものには○，しないものには×を（　）にかきましょう。　〔1問　全部できて10点〕

① たての長さが6cmの長方形の横の長さ x（cm）と面積 y（cm²）の関係

横の長さ x（cm）	1	2	3	4	5	6	7	8	…
面　積 y（cm²）	6	12							…

（　　　）

② 24mのリボンを何人かに同じ長さに分けるときの人数 x（人）と1本の長さ y（m）の関係

人　数 x（人）	1	2		…
1本の長さ y（m）	24	12		…

（　　　）

③ 30個のおはじきを姉と妹で分けるときの姉がとる個数 x（個）と妹がとる個数 y（個）の関係

姉　　 x（個）	1	2		…
妹　　 y（個）	29	28		…

（　　　）

④ 120kmの道のりを走るときの時速 x（km）とかかる時間 y（時間）の関係

時　速 x（km）	10	20	30	40	50	60	70	80	…
かかる時間 y（時間）	12	6							…

（　　　）

反比例の関係にある2つの量を考えてみよう。

得点　　　　点

26 反比例 ②

むずかしさ
★★

月　日　名前

1 下の表は面積が36cm²の長方形をかくときの，たての長さ x（cm）と横の長さ y（cm）が反比例する関係を表しています。次の問題に答えましょう。　　〔1問　5点〕

たての長さ x（cm）	1	2	3	4	5	6	7	8	9	10	…
横の長さ y（cm）	36	18	12	9	7.2	6	$\frac{36}{7}$	4.5	4	3.6	…

Ⓐ は x=1〜3、Ⓑ は x=5〜10

① Ⓐのところでは，たての長さの変わり方は何分の一ですか。

式 ［　　　　　　　　　］　　　　答え（　　　　　　　　）

② Ⓐのところでは，横の長さの変わり方は何倍ですか。

式 ［　　　　　　　　　］　　　　答え（　　　　　　　　）

③ Ⓑのところでは，たての長さの変わり方は何分の一ですか。

式 ［　　　　　　　　　］　　　　答え（　　　　　　　　）

④ Ⓑのところでは，横の長さの変わり方は何倍ですか。

式 ［　　　　　　　　　］　　　　答え（　　　　　　　　）

2 下の表は，12kmの道のりを進むときの，時速 x（km）とかかる時間 y（時間）が反比例する関係を表しています。次の問題に答えましょう。　　〔1問　全部できて15点〕

時　速 x（km）	1	2	3	4	5	6	7	8	9	10	…
時間 y（時間）	12	6	4	3	2.4	2	$\frac{12}{7}$	1.5	$\frac{4}{3}$	1.2	…

Ⓐ は x=2〜4、Ⓑ は x=4〜6

① Ⓐのところでは，時速と時間の変わり方は，それぞれ何分の一，または何倍になっていますか。

（時速）式 ［　　　　　　　　　　　］　　　（時間）式 ［　　　　　　　　　　　］

答え（　　　　　　　　　）　　　　　　　答え（　　　　　　　　　）

② Ⓑのところでは，時速と時間の変わり方は，それぞれ何分の何になっていますか。

（時速）式 ［　　　　　　　　　　　］　　　（時間）式 ［　　　　　　　　　　　］

答え（　　　　　　　　　）　　　　　　　答え（　　　　　　　　　）

面積が8m²の長方形のたての長さと横の長さの関係

たての長さx(m)	1	2	3	4	5	6	7	8	…
横の長さy(m)	8	4	$\dfrac{8}{3}$	2	$\dfrac{8}{5}$	$\dfrac{4}{3}$	$\dfrac{8}{7}$	1	…

● 横の長さyが，たての長さxに反比例するとき，上の表のyとxの関係は次のように表せます。

$$y=8÷x（yの値は，いつも8をxの値でわった値）$$

3 次のそれぞれの場合に，yはxに反比例しています。$y=\Box÷x$の$\Box$にあてはまる数を書きましょう。〔①②1問　5点，③④1問　10点〕

①

x	1	2	3	4	5	6	7	8	…
y	16	8	$\dfrac{16}{3}$	4	$\dfrac{16}{5}$	$\dfrac{8}{3}$	$\dfrac{16}{7}$	2	…

$\left(y=\boxed{}÷x \right)$

②

x	1	2	3	4	5	6	7	8	…
y	60	30	20	15	12	10	$\dfrac{60}{7}$	$\dfrac{15}{2}$	…

$\left(y=\boxed{}÷x \right)$

③ 32Lの水そうを水でいっぱいにするときの，1分間に入れる水の量x(L)とかかる時間y(分)の関係

$\left(y=\boxed{}÷x \right)$

④ 200kmの道のりを走る自動車の，時速x(km)とかかる時間y(時間)の関係

$\left(y=\boxed{}÷x \right)$

4 次のそれぞれの場合で，yがxに反比例するものは，yとxの関係を式に表しましょう。また，反比例しないものには×を（　）にかきましょう。〔1問　5点〕

① 1個120円のケーキを買うときのケーキの個数x(個)と代金y(円)の関係 （　　　　　）

② 90cmのはり金を何本かに同じ長さに切るときの本数x(本)と1本分の長さy(cm)の関係 （　　　　　）

③ 面積15cm²の三角形の底辺x(cm)と高さy(cm)の関係 （　　　　　）

④ 時速40kmで走る自動車の走る時間x(時間)と進む道のりy(km)の関係 （　　　　　）

まちがえた問題はもう一度やり直して，どこでまちがえたのかたしかめておこう。

得点　　　点

始め
時　　分
▼
終わり
時　　分

むずかしさ
★★

月　　日　　名前

1 下の表のように，面積が24cm²の長方形の横の長さ y (cm)は，たての長さ x (cm)に反比例しています。この表をグラフに表しましょう。（グラフの続きをかきましょう。）〔25点〕

面積が24cm²の長方形のたてと横の長さ

たての長さx(cm)	1	2	3	4	5	6	8	10	12	15	16	20	24
横の長さy(cm)	24	12	8	6	4.8	4	3	2.4	2	1.6	1.5	1.2	1

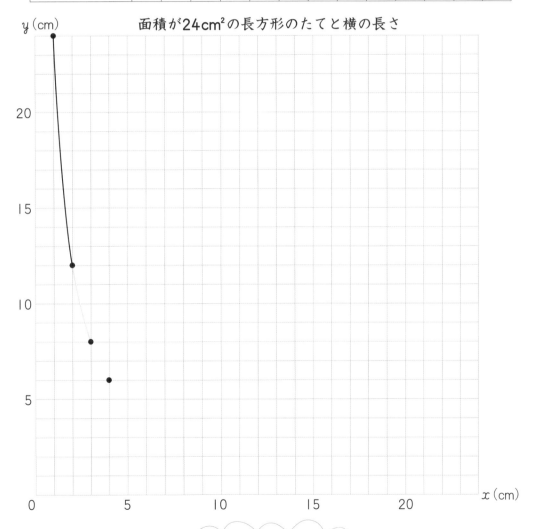

面積が24cm²の長方形のたてと横の長さ

反比例のグラフは
比例のグラフのように
直線にはなりません。

2 18L入る水そういっぱいに水を入れるとき，1分間に入れる水の量 x（L）にかかる時間 y（分）が反比例します。この関係を表す右の表をもとにして，グラフをかきましょう。〔25点〕

1分間に入れる水の量とかかる時間

水の量 x（L）	1	2	3	4	5	6	9	18
時間 y（分）	18	9	6	4.5	3.6	3	2	1

y（分）1分間に入れる水の量とかかる時間

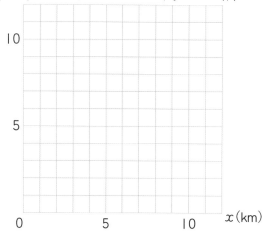

3 12kmの道のりを進むときの時速 x（km）とかかる時間 y（時間）は反比例します。この関係を表す下の表を完成させましょう。また，グラフをかきましょう。

〔表・グラフ それぞれ25点〕

12kmの道のりを進むときの時速とかかる時間

時速 x（km）	1	2	3	4	5	6	12
時間 y（時間）	12						

y（時間）12kmの道のりを進むときの時速とかかる時間

x と y の点が正しくとられているか，たしかめよう。

得点　　点

データの調べ方 ①

覚えておこう

- データの平均の値のことを，**平均値**といいます。
- 平均値のようなデータの特ちょうを表す値を，**代表値**といいます。

1 下の表は，あるクラスの1班と2班のソフトボール投げの記録を表したものです。

〔（　）1つ　10点〕

ソフトボール投げの記録

1班(m)	18	22	32	16	30	36	27	20	24
2班(m)	27	39	29	21	34	18	14	26	

① 1班と2班のデータの平均値を，それぞれ求めましょう。

（1班）[式]　　　　　　　　　　　　　　　　　　　　　　[答え] （　　　　　　　）

（2班）[式]　　　　　　　　　　　　　　　　　　　　　　[答え] （　　　　　　　）

② 平均値でくらべると，1班と2班では，どちらの記録がよいといえますか。

（　　　　　　　）

覚えておこう

- 数直線の上にデータを●（ドット）で表した図を，**ドットプロット**といいます。

2 下のドットプロットは，あるクラスの小テストの結果を表したものです。　〔1問　10点〕

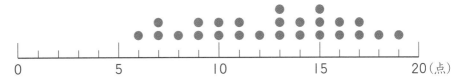

① 点数が17点以上の人は何人いますか。

（　　　　　　　）

② いちばん高い点数といちばん低い点数の差は何点ですか。

（　　　　　　　）

3 下の表は，AチームとBチームでゲームをしたときの得点を表したものです。

〔1問　全部できて10点〕

ゲームの得点

Aチーム（点）	20	13	21	24	11	27	23	19	29	24	18	23
Bチーム（点）	17	26	25	28	25	19	24	24	23	28	25	

① Aチームのデータの平均値を求めましょう。

式

答え（　　　　　　　　　）

② Bチームのデータの平均値を求めましょう。

式

答え（　　　　　　　　　）

③ 次のドットプロットは，Aチームのデータを表したものです。Bチームのデータをドットプロットに表しましょう。

（Aチーム）

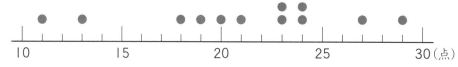

（Bチーム）

④ ③のドットプロットで，AチームとBチームのそれぞれの平均値を表すところに，↑を書きましょう。

⑤ AチームとBチームのそれぞれで，いちばん高い点数といちばん低い点数の差は何点ですか。

Aチーム（　　　　　　　）　Bチーム（　　　　　　　）

ドットプロットに表すと，データのちらばりのようすがよくわかるね。

得点

点

データの調べ方 ②

29

月　日　名前

始め　時　分
▼
終わり　時　分

むずかしさ
★★

覚えておこう

● データの中で最も多く出てくる値を，**最頻値**といいます。

● データを大きさの順にならべたときの中央の値を，**中央値**といいます。

データの個数が奇数……6, 7, ⑨, 12, 14
└── 中央の値が中央値

データの個数が偶数……6, 7, ⑨, ⑩, 12, 14
└── 中央の2つの値の平均が中央値

● 最頻値と中央値も代表値の1つです。

---

1 下の表は，あるくつ屋で1日に売れたくつのサイズを調べたものです。　〔1問　5点〕

くつのサイズ(cm)

24.5	23.0	24.0	23.5	24.5	23.0	23.5
22.5	24.5	26.5	25.0	22.5	24.5	

① 最頻値を求めましょう。

(　　　　　　)

② 中央値を求めましょう。

(　　　　　　)

---

2 下のドットプロットは，あるクラスの通学時間を調べてまとめたものです。〔1問　5点〕

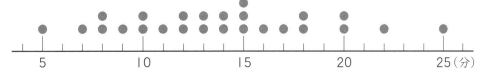

① 最頻値を求めましょう。

(　　　　　　)

② 中央値を求めましょう。

(　　　　　　)

©くもん出版

57

3 下のドットプロットは，6年生が1か月に借りた本のさっ数を，クラスごとに調べてまとめたものです。

〔（　）1つ　10点〕

（1組）

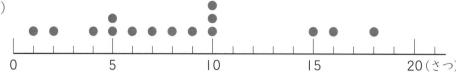

（2組）

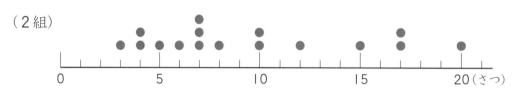

① 10さつ以上借りた人は，1組と2組でそれぞれ何人いますか。

1組（　　　　　　　　　　）　　2組（　　　　　　　　　　）

② 1組と2組のそれぞれの平均値を求めましょう。

（1組）[式]

[答え]（　　　　　　　　　　）

（2組）[式]

[答え]（　　　　　　　　　　）

③ 平均値でくらべると，1組と2組のどちらが多く本を借りたといえますか。

（　　　　　　　　　　）

④ 最頻値でくらべると，1組と2組のどちらが多く本を借りたといえますか。

（　　　　　　　　　　）

⑤ 中央値でくらべると，1組と2組のどちらが多く本を借りたといえますか。

（　　　　　　　　　　）

⑥ 6年生全体での最頻値を求めましょう。

（　　　　　　　　　　）

平均値，最頻値，中央値は，わかったかな。これら3つの代表値を，区別できるようにしておこう。

得点

点

データの調べ方 ③

むずかしさ ★★

月　日　名前

1 下の表は，6年1組と6年2組で，先週の休み時間に図書室を利用した人を調べたものです。次の問題に答えましょう。

〔1問　全部できて10点〕

6年1組の図書室の利用のようす

曜日	名　　　前
月	山田，清水，小林，坂本
火	山田，村上，青木
水	なし
木	山田，清水，小林，坂本，青木
金	山田，清水，小林，青木

6年2組の図書室の利用のようす

曜日	名　　　前
月	大山，野村，中村，原田
火	なし
水	松下，山口，高山
木	三沢，山口，木村
金	橋本，野村，上野，原田，中山

① 6年1組で，先週の休み時間に図書室を利用したのはだれですか。名前を書き，人数を求めましょう。

名前 (山田， 　　　　　　　　　　　　　)　　人数 (　　　 人)

② 同じ人が何回利用しても，別の人とみて求めた合計の人数を**のべ人数**といいます。それぞれの組で，先週の休み時間に図書室を利用した人の，のべ人数は何人ですか。

6年1組 (　　　 人)　6年2組 (　　　 人)

③ のべ人数を調べた日数でわって，1日あたり平均何人の人が図書室を利用したかを，それぞれの組について求めましょう。

（6年1組） 式

答え (　　　　　　　　)

（6年2組） 式

答え (　　　　　　　　)

④ 1日あたりの平均の利用者数をくらべると，どちらが何人多いでしょうか。

式

答え (　　　　　　　　)

©くもん出版

2 右の表は，先週，保健室を利用した6年生の記録です。 〔1問 12点〕

① 先週，保健室を利用した6年生の
のべ人数は何人ですか。

[式]

答え (　　　　　　　)

保健室の利用者調べ

曜日	名　　前
月	中山，中野，西村，早川，三宅
火	中山，高橋，野田
水	林，森山
木	土井，三宅，坂井
金	高橋

② 1日あたり平均何人の人が保健室を
利用したことになりますか。

[式]

答え (　　　　　　　)

3 A，B，Cの3人の大工さんが5日かけて，
へいをつくりました。3人が働いた曜日は，
右の表のようになっています。○印は，その
曜日に働いたことを表しています。

〔1問 12点〕

3人が働いた曜日

曜日	A	B	C
月	○		○
火	○	○	
水	○	○	○
木	○		○
金	○	○	○

① 5日間に働いた大工さんの，のべ人数
は何人ですか。

[式]

答え (　　　　　　　)

② 1日平均何人の大工さんが働いたことになりますか。

[式]

答え (　　　　　　　)

③ このへいを3日間でつくるには，1日平均何人の大工さんが働けばよいでしょうか。

[式]

答え (　　　　　　　)

平均は5年生で習ったね。まちがえたときには，
よく復習しておこう。

得点 (　　)点

月　日　名前

覚えておこう

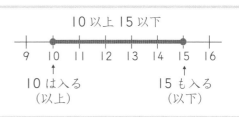

10以上15未満　　　　　　　　　　　　　10以上15以下

10は入る（以上）　15は入らない（未満）　　10は入る（以上）　15も入る（以下）

1 下の表は，6年1組18人のソフトボール投げの記録です。次の問題に答えましょう。

〔1問　全部できて10点〕

ソフトボール投げの記録

番号	きょり(m)
1	30
2	35
3	28
4	34
5	17
6	32
7	42
8	35
9	38

番号	きょり(m)
10	22
11	29
12	37
13	20
14	34
15	36
16	44
17	31
18	34

ソフトボール投げの記録

投げたきょり(m)	人数(人)
15以上〜20未満	
20　〜25	
25　〜30	
30　〜35	
35　〜40	
40　〜45	
合　計	

① 投げたきょりを5mずつに区切って人数を調べ，右の表の人数のらんに書き入れましょう。

② いちばん人数が多いのは，どの区間ですか。

（　　　　　　m以上　　　　　　m未満　）

③ 20m以上25m未満の人は何人いますか。（　　　　　　　　）

④ 25m未満の人は何人いますか。（　　　　　　　　）

⑤ 遠くに投げたほうから数えて7番目の人は，どの区間に入りますか。

（　　　　　　m以上　　　　　　m未満　）

2 下の表は，あるクラス24人の体重のちらばりのようすを表したものです。また，右のグラフは，表をもとにつくった**ヒストグラム(柱状グラフ)**です。表とグラフを見て，次の問題に答えましょう。　　　　　　　　　　　　　　　　〔1問　全部できて10点〕

24人の体重のようす

体　重(kg)	人数(人)
25以上〜30未満	1
30　　〜35	3
35　　〜40	8
40　　〜45	5
45　　〜50	4
50　　〜55	3
合　計	24

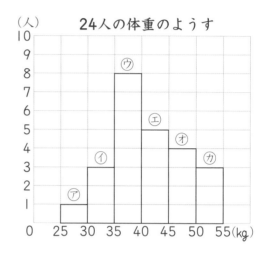

① 24人全員の体重は，何kg以上何kg未満にちらばっていますか。

（　　　　　　　　　　　　）

② 度数がいちばん多いのは，どの階級ですか。

（　　　　　　　　　　　　）

③ 度数がいちばん多い階級は，ヒストグラムの㋐〜㋑のどこですか。

（　　　　　　　　　）

④ 体重47.5kgの人は，ヒストグラムの㋐〜㋑のどこに入っていますか。

（　　　　　　　　　　　　）

⑤ 体重45kg以上の人は，㋐〜㋑のどことどこに入っていますか。また，全部で何人ですか。

（　　　　　　と　　　　　　），（　　　　　　）

©くもん出版

まちがえた問題は，もう一度やり直してみよう。
まちがいがなくなるよ。

得点　　　　点

月　日　名前

1 下の2つのヒストグラムは，6年1組40人の50m走の記録を男子と女子に分けて表したものです。次の問題に答えましょう。割合(%)は四捨五入して，整数で求めましょう。

〔1問　全部できて10点〕

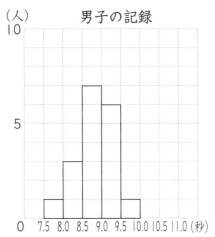

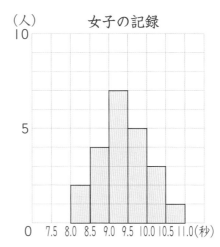

① 下の表を完成させましょう。

	男子	女子
それぞれ何人ですか。	人	人
いちばん度数が多いのは，どの階級ですか。	秒以上 ～ 秒未満	秒以上 ～ 秒未満
9.0秒以上の人は何人ですか。	人	人
8.5秒未満の人数の割合(%)	%	%
9.5秒以上の人数の割合(%)	%	%

② クラス全体で9.5秒以上の人は何人います（　　　　　）
か。

③ ゆうなさんは女子の中で，6番目に速く走（　　　　　）
りました。どの階級に入りますか。

④ そうたさんは男子の中で，おそいほうから（　　　　　）
5番目でした。どの階級に入りますか。

⑤ クラス全体で9.0秒以上9.5秒未満の人は何人いますか。また，それはクラス全体の何%になりますか。
（　　　　　），（　　　　　）

2 下の度数分布表は，6年3組の通学時間を調べた結果を表しています。これを右のヒストグラムに表します。続けてグラフをかきましょう。　〔20点〕

6年3組の通学時間

時　間(分)	人数(人)
5以上～10未満	2
10　～15	6
15　～20	9
20　～25	8
25　～30	7
30　～35	4
35　～40	2
合　　計	38

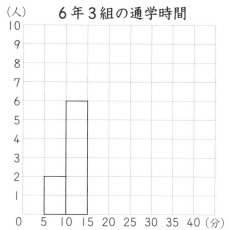

6年3組の通学時間

3 下の表は，ソフトボール投げの記録を表しています。これを5mずつのきょりに区切って，「ソフトボール投げの記録」の度数分布表を完成させましょう。また，右のヒストグラムに表しましょう。　〔表・グラフ　それぞれ15点〕

ソフトボール投げの記録

番号	きょり(m)	番号	きょり(m)	番号	きょり(m)	番号	きょり(m)
1	36	7	42	13	37	19	32
2	33	8	18	14	24	20	36
3	22	9	33	15	27	21	30
4	30	10	35	16	43	22	39
5	26	11	29	17	34	23	26
6	34	12	34	18	28	24	40

ソフトボール投げの記録

投げたきょり(m)	人数(人)
15以上～20未満	
合　　計	

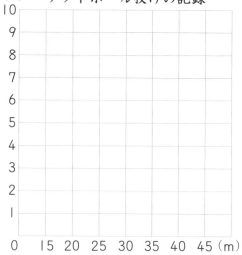

ソフトボール投げの記録

この問題のほかにも，いろいろな記録を表にまとめ，ヒストグラムに表してみよう。

得点　　　　点

始め　　時　　分
▼
終わり　　時　　分

むずかしさ ★★

月　日　名前

1 下のグラフは，1930年の日本の男女別・年れい別の人口の割合を表したものです。

男女別・年れい別人口の割合（総人口　6445万人）

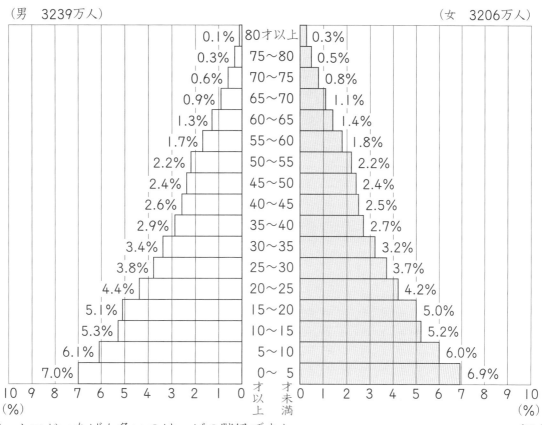

（男　3239万人）　　　　　　　　　　　　　　　　　　　（女　3206万人）

	男	年れい	女
	0.1%	80才以上	0.3%
	0.3%	75～80	0.5%
	0.6%	70～75	0.8%
	0.9%	65～70	1.1%
	1.3%	60～65	1.4%
	1.7%	55～60	1.8%
	2.2%	50～55	2.2%
	2.4%	45～50	2.4%
	2.6%	40～45	2.5%
	2.9%	35～40	2.7%
	3.4%	30～35	3.2%
	3.8%	25～30	3.7%
	4.4%	20～25	4.2%
	5.1%	15～20	5.0%
	5.3%	10～15	5.2%
	6.1%	5～10	6.0%
	7.0%	0～5	6.9%

10 9 8 7 6 5 4 3 2 1 0　　才以上　才未満　0 1 2 3 4 5 6 7 8 9 10
（％）　　　　　　　　　　　　　　　　　　　　　　　　　（％）

① 人口がいちばん多いのは，どの階級ですか。　　　　　　　　　　〔10点〕

（　　　　　　才以上　　　　　才未満　）

② 15才未満の人口は，総人口の何％ですか。　　　　　　　　　　〔15点〕

式 ▢

答え（　　　　　　　　　）

③ 65才以上の人口は，何万人いますか。答えは四捨五入して，一万の位まで求めましょう。　　　　　　　　　　　　　　　　　　　　　　　　　　　〔15点〕

式 ▢

答え（　　　　　　　　　）

 このようなグラフは「人口ピラミッド」とよばれているよ。

2 下の2つのグラフは、1960年と2017年の日本の男女別・年れい別の人口の割合を表したものです。次の問題に答えましょう。

男女別・年れい別人口の割合

1960年　総人口　9430万人　　　2017年　総人口　12670万人

（男　4630万人）（女　4800万人）　　（男　6165万人）（女　6505万人）

	1960年 男	1960年 女	2017年 男	2017年 女
70才以上	1.4	2.0	8.3	11.5
60〜70	2.6	2.8	6.8	7.2
50〜60	4.1	4.3	6.2	6.2
40〜50	4.8	5.7	7.5	7.6
30〜40	7.0	7.5	6.0	5.8
20〜30	8.8	8.9	5.1	4.8
10〜20	11.0	10.7	4.6	4.4
0〜10	9.4	9.0	4.1	3.9

10　0　10　　　　10　0　10
(%)　　　　　　　　　(%)

① それぞれの年で、人口がいちばん多いのは、どの階級ですか。　〔それぞれ15点〕

・1960年　　　　　　　　　（　　　　才以上　　　　才未満　）

・2017年　　　　　　　　　（　　　　　　　　　　　　　）

② 2つのグラフをくらべて、年れい別の人口の割合の差がいちばん大きくなっているのは、どの階級ですか。　〔15点〕

（　　　　　　　　　　　　　）

③ 年れい別の人口の割合の差が少ないのは、1960年、2017年のどちらですか。

〔15点〕

（　　　　　　　　　　　　　）

まちがえた問題は、もう一度やり直してみよう。
まちがいがなくなるよ。

得点　　　　　点

34 いろいろなグラフ ②

始め　時　分
終わり　時　分

むずかしさ ★★

月　日　名前

1 　下のグラフは，自転車でA市からB町を通ってC市まで出かけたときのようすを表したものです。次の問題に答えましょう。　〔1問　4点〕

（km）　**自転車で出かけた時こくと道のり**

C市 10
8
B町 6
4
2
A市 0
　9時　　30分　　10時　　30分

① 　A市からB町までの道のりは何kmですか。　（　　　　　）

② 　B町からC市までの道のりは何kmですか。　（　　　　　）

③ 　A市からC市までの道のりは何kmですか。　（　　　　　）

④ 　A市を出発した時こくは何時ですか。　（　　　　　）

⑤ 　B町についた時こくは，何時何分ですか。　（　　　　　）

⑥ 　グラフが平らになっているところは，休けいして止まっていたことを表します。止まっていたのは何分間ですか。　（　　　　　）

⑦ 　B町を出発した時こくは，何時何分ですか。　（　　　　　）

⑧ 　C市についた時こくは，何時何分ですか。　（　　　　　）

2 　下のグラフは，D市とE市を自転車で往復したときのようすを表したものです。次の問題に答えましょう。　〔1問　5点〕

(km) **自転車で出かけた時こくと道のり**

E市 10
8
6
4
2
D市 0
　10時　　30分　　11時

① 　D市からE市までの道のりは何kmですか。　（　　　　　）

② 　10時10分にはD市から何kmのところにいましたか。　（　　　　　）

③ 　E市に何分間休んで止まっていましたか。　（　　　　　）

④ 　11時にはD市から何kmのところにいましたか。　（　　　　　）

©くもん出版
67

3 下のグラフは，ふつう列車と急行列車の運行のようすを表したものです。次の問題に答えましょう。

〔1問 全部できて8点〕

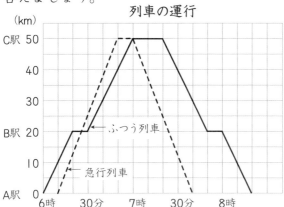

列車の運行

① 6時にA駅を出発したふつう列車は，B駅に何時何分につきますか。

（　　　　　）

② ふつう列車は，B駅で何分間停車しますか。

（　　　　　）

③ ふつう列車が，6時10分にA駅を出発した急行列車に追いこされるのは，A駅から何kmのところですか。

（　　　　　）

4 下のグラフは，A駅と市民公園を往復しているバスの運行のようすを表したものです。次の問題に答えましょう。

〔1問 全部できて4点〕

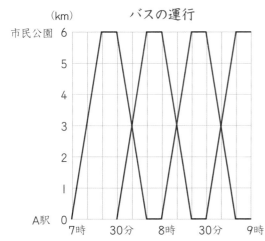

バスの運行

① A駅から市民公園までの道のりは何kmですか。（　　　　　）

② A駅を7時に出たバスが，市民公園につく時こくは何時何分ですか。（　　　　　）

③ 市民公園には，何分間停車していますか。（　　　　　）

④ A駅から出るバスで，7時の次に出るバスは何時何分に出るバスですか。

（　　　　　）

⑤ A駅を出発したバスが，A駅にもどるのに何分かかりますか。（　　　　　）

⑥ A駅を8時30分に出発したバスが，市民公園につくまでに，他のバスとすれちがう時こくは何時何分ですか。また，A駅から何kmのところですか。

（　　　　　　，　　　　　　）

まちがえた問題はもう一度やり直して，100点にしよう。

得点　　　点

35 いろいろなグラフ ③

月　　日　　名前

1 下のグラフは，ある国の世帯構成の変化を表したものです。次の問題に答えましょう。

〔1問　全部できて10点〕

世帯構成の変化

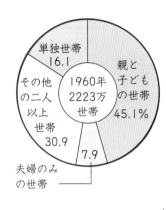
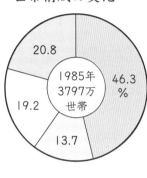
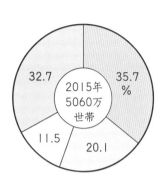

① 単独世帯の全体に対する割合は，1960年では何％ですか。また，1985年，2015年では何％ですか。

1960年 (　　　　　　　)　1985年 (　　　　　　　)　2015年 (　　　　　　　)

② 1960年から1985年にかけて割合が増加し，その後，減少に転じたのは，どの世帯ですか。

(　　　　　　　　　　　)

③ 全体に対する割合が増え続けているのは，どの世帯ですか。全部書きましょう。

(　　　　　　　　　　　), (　　　　　　　　　　　)

④ 2015年は，1960年にくらべて，一世帯あたりの人数は増えていると考えられますか。それとも減っていると考えられますか。

(　　　　　　　　　　　)

2 下のグラフは世界の都市の1年間の降水量を棒グラフ(単位：mm)で，気温の変化を折れ線グラフ(単位：℃)で表したものです。次の問題に答えましょう。

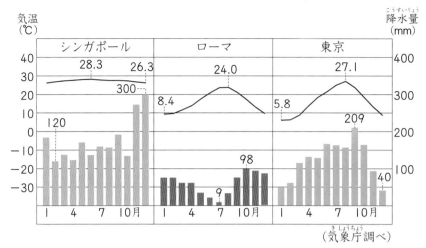

（気象庁調べ）

① 降水量や気温の変わり方に注意して，3つの都市をくらべます。それぞれの都市で，降水量がいちばん多い月といちばん少ない月，およびその差を求めて□に書きましょう。また，気温についてもいちばん高い月といちばん低い月，およびその差を求めて□に書きましょう。 〔全部できて15点〕

		シンガポール	ローマ	東京
降水量	いちばん多い月	12 月	月	月
	いちばん少ない月	2 月	月	月
	差	180 mm	mm	mm
気温	いちばん高い月	6 月	月	月
	いちばん低い月	12 月	月	月
	差	℃	℃	℃

② 次の特ちょうにあてはまる都市の名前を書きましょう。 〔( )1つ 15点〕

　あ 気温は夏は高く，冬は低くなる。降水量は全体として少ないが，夏はとても少ない。 (　　　　　　)

　い 3つの都市の中で，気温がいちばん高く，降水量もいちばん多い。一年中，気温の差がほとんどない。 (　　　　　　)

　う 3つの都市の中で，気温の夏と冬の差がいちばん大きい。降水量は夏から秋にかけていちばん多くなり，冬は少ない。 (　　　　　　)

©くもん出版

いろいろなグラフをさがして見てみよう。

得点　　　点

36

しんだんテスト ①

始め　時　分
▼
終わり　時　分

月　日　名前

1 □にあてはまる整数か分数を書きましょう。　〔1問　5点〕

① 12分＝ □ 時間

② $\frac{7}{10}$時間＝ □ 分

2 下の図のような立体の体積を求めましょう。　〔1問　5点〕

① 式

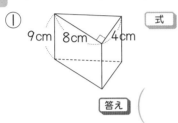

9cm　8cm　4cm

答え（　　　　　　　　）

② 式

8cm　6cm

答え（　　　　　　　　）

3 等しい比になるように，□にあてはまる数を書きましょう。　〔1問　5点〕

① 5：4＝ □ ：24

② □ ：49＝8：7

③ 36： □ ＝3：4

④ 7：9＝105： □

4 下の図で線対称でもあり点対称でもある形には◎，線対称だけの形には○，点対称だけの形には△，どちらでもない形には×を（ ）につけましょう。　〔全部できて5点〕

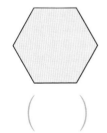
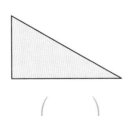
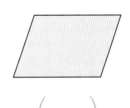

（　　　）　　（　　　）　　（　　　）　　（　　　）

5 縮尺1：5000の縮図上で，たて2cm，横3cmの長方形の土地があります。実際のたてと横の長さはそれぞれ何mですか。　〔10点〕

式

答え（ たて　　　　　　，横　　　　　　）

6 下の表は，１分間に８Ｌずつ水を入れるときの，時間 x（分）とたまる水の量 y（L）の関係を表しています。表のあいているらんに数を書き入れて，表を完成させましょう。また，２つの量 x と y の関係を式に表しましょう。 〔全部できて10点〕

時間 x（分）	1	2	3	4	5	6	7	8	…
水の量 y（L）	8								…

関係式 $\left(\ y = \qquad\qquad \right)$

7 下のグラフは，鉄の棒の長さ x m と重さ y kg の関係を表しています。次の問題に答えましょう。 〔1問 5点〕

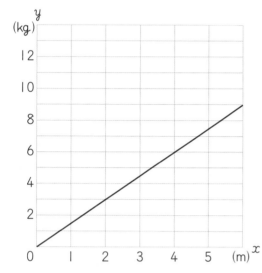

① $y \div x$ の値はいくつになりますか。

$\left(\qquad\qquad \right)$

② x と y の関係を $y = \square \times x$ の式に表しましょう。

$\left(\qquad\qquad \right)$

③ $x = 3$ のとき，y の値はいくつになりますか。

$\left(\qquad\qquad \right)$

8 右の表は，あるクラスのソフトボール投げの記録を表したものです。 〔1問 10点〕

① 平均値を求めましょう。

[式]

ソフトボール投げの記録（m）

30	24	34	23	19	40	28
23	36	14	32	24	34	24

[答え] $\left(\qquad\qquad \right)$

② 最頻値と中央値を求めましょう。

最頻値 $\left(\qquad\qquad \right)$ 中央値 $\left(\qquad\qquad \right)$

これまでの学習のまとめだよ。わからないところややまちがえたところは，よく復習しておこう。

得点 点

37

しんだんテスト ②

始め
時　分
▼
終わり
時　分

月　　日　名前

1 ▶ 次の数の逆数を求めましょう。〔1問　5点〕

① $\dfrac{2}{5}$ （　　　　　）　　② $\dfrac{1}{9}$ （　　　　　）

③ 0.71 （　　　　　）　　④ 0.25 （　　　　　）

2 ▶ 次の図の □ と ▨ の部分の面積を求めましょう。〔1問　10点〕

① 式

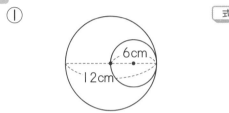

答え（　　　　　　　　）

② 式

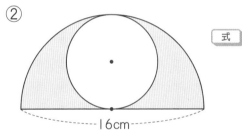

答え（　　　　　　　　）

3 ▶ □ にあてはまる数を書いて，次の比をかんたんにしましょう。〔1問　5点〕

① 60：120＝ □：□　　② 60：48＝ □：□

4 ▶ 下の図の点O（オー）を対称の中心とする，点対称な形をかきましょう。〔10点〕

O・

5 三角形ＡＢＣの2倍の拡大図をかきましょう。　　　　　　　　〔10点〕

6 下の表は，24cmのひもを何本か同じ長さに切るときの，本数 x（本）と１本のひもの長さ y（cm）の関係を表しています。表のあいているらんに数を書き入れて，表を完成させましょう。また，2つの量 x と y の関係を式に表しましょう。　　〔全部できて10点〕

本数 x（本）	1	2	3	4	5	6	7	8	⋯
1本のひもの長さ y（cm）	24								⋯

関係式 $\left(\quad y = \qquad\qquad \right)$

7 下のグラフは，あるクラス30人の体重のちらばりを表したヒストグラムです。次の問題に答えましょう。　　　　　　　　　　　　　　　　　〔（　）1つ　4点〕

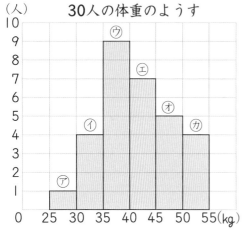

① 度数がいちばん多いのは，どの階級ですか。

$\left(\qquad\qquad\qquad \right)$

② 体重35kg未満の人は，⑦〜⑪のどことどこに入っていますか。また，全部で何人ですか。

$\left(\qquad と \qquad \right),\left(\qquad \right)$

③ 体重が45kg以上の人は，全部で何人ですか。また，それは全体の何％になりますか。

$\left(\qquad\qquad \right),\left(\qquad\qquad \right)$

これまでの学習のまとめだよ。わからないところやまちがえたところは，よく復習しておこう。

得点　　　点

38

発展問題　①

始め　時　分
▼
終わり　時　分

1 次の□にあてはまる数を求めなさい。　〔1問　6点〕

① $\frac{1}{4}$ より大きく $\frac{3}{11}$ より小さい分数で，分子が 5 であるものの分母は □ です。

（江戸川女子中学校）

② 2500円の品物を25％引きで買うと □ 円です。　（帝京中学校）

③ AはBの $\frac{4}{3}$ 倍で，BはCの0.4倍のとき，A：B：Cをもっともかんたんな比で表

すと □ : □ : □ です。　（法政大学中学校）

2 次の□にあてはまる数を求めなさい。　〔1問　6点〕

① 縮尺 $\frac{1}{20000}$ の地図上では 3 cmの距離は，実際の距離にすると □ kmです。

（帝京八王子中学校）

② ある土地の縮図を5000分の1で作成したところ，たて4.2cm，横3.5cmの長方形
になりました。実際の土地の面積は □ m² になります。　（大妻嵐山中学校）

3 次の□にあてはまる数を求めなさい。　〔1問　8点〕

① 41で割ると11余る整数で，2018に最も近い数は □ です。

（成城学園中学校）

② A君の所持金を四捨五入の方法で百の位までのがい数にすると，18200円になります。またB君の所持金は切り上げの方法で百の位までのがい数にすると，13700円になります。A君とB君の所持金の差の最小は □ です。　（跡見学園中学校）

4 右の図の⑦と①の角度を求めなさい。ただし，①，②，③は平行とします。

（日本大学第三中学校）〔（　）1つ　8点〕

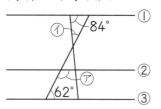

⑦ （　　　　　　　　　　）

① （　　　　　　　　　　）

5 右の図は，ある立体の展開図です。2つの直角三角形と3つの長方形でできています。次の問いに答えなさい。

（十文字中学校）〔1問　8点〕

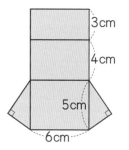

① 組み立てた立体の辺の長さを全部合わせると何cmですか。

（　　　　　　　　　　）

② 組み立てた立体の体積を求めなさい。

（　　　　　　　　　　）

6 右の図のように，たて4m・横6mの長方形の花だんの中に，幅が一定の道路が2本交わっています。斜線部分の面積は何m²ですか。　（田園調布学園中等部）〔10点〕

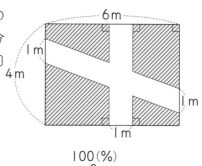

（　　　　　　　　　　）

7 右の円グラフは，ある国における学校数の割合を表したものです。すべての学校の合計が59000校であるとき，中学校の学校数を求めなさい。

（筑波大附属中学校）〔12点〕

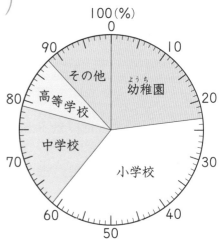

（　　　　　　　　　　）

よくわからなかったり，まちがえたりした問題は
よく復習してから，もう一度やり直してみよう。

得点

点

39

発展問題 ②

月　　日　名前

---

1 次の□にあてはまる数を求めなさい。　　　　　　　　　　　　　〔1問　6点〕

① $\frac{1}{56}$ から $\frac{56}{56}$ までの分母が56である分数のうち，約分できるのは　　　　　個です。

（清泉女学院中学校）

② $\frac{14}{23}$ の分母と分子に同じ数　　　　　を足して約分すると $\frac{10}{13}$ になります。

（東京純心女子中学校）

③ $1\frac{2}{3}$ と $3\frac{1}{2}$ の真ん中の数は　　　　　です。　　　（佼成学園中学校）

2 次の問題に答えなさい。　　　　　　　　　　　　　　　　　　　〔1問　6点〕

① 1から20までの整数の中で，約数を4つだけもつ数は何個ありますか。

（跡見学園中学校）

（　　　　　　　　）

② 8から73までの整数のうち，奇数（きすう）は何個ありますか。　（北鎌倉女子学園中学校）

（　　　　　　　　）

3 次の□にあてはまる数を求めなさい。　　　　　　　　　　　　　〔1問　6点〕

① 1.5Lと350mLを合わせると　　　　　cm³です。　　　（帝京中学校）

② 120000cm²＋0.01ha＋0.001km²＝　　　　　m²　　（大妻中野中学校）

4 次の問題に答えなさい。　　　　　　　　　　　　　　　　　　　〔1問　6点〕

① 時速72kmで走る車で2時間20分かかる道のりを分速1.6kmの速さで走る車で移動すると何時間何分かかりますか。　　　（藤嶺学園藤沢中学校）

（　　　　　　　　）

② 春子さんは分速58mで，夏子さんは分速71mの速さで歩きます。2人が同時に出発して同じ道を同じ方向に行くとき，17分後には2人の間は何m離（はな）れていますか。

（十文字中学校）

（　　　　　　　　）

5 A君，B君，C君，D君の4人があるテストを受けました。A君，B君，C君の3人の平均点は72点でした。D君が80点のとき，4人の平均点は何点ですか。

（法政大学第二中学校）〔6点〕

( )

6 右の図のように，正方形の中に半円を2つかきました。斜線部の面積を求めなさい。 （相模女子大学中学部）〔10点〕

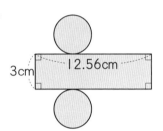

( )

7 右の図はある立体の展開図です。もとの立体の体積は何cm³ですか。ただし，円周率は3.14とします。

（足立学園中学校）〔10点〕

( )

8 右の表は慎司君のクラスの生徒の通学時間を調べたものです。このとき，次の問いに答えなさい。

（横浜中学校）〔1問 5点〕

① 通学時間が50分〜60分の生徒の人数を求めなさい。

( )

② 慎司君の通学時間は短い人から数えて17番目です。慎司君の通学時間は何分〜何分ですか。

( )

③ 通学時間が50分未満の人は全体の何％ですか。

( )

④ この表を円グラフで表したとき，通学時間が40分〜50分の部分の中心角は何度ですか。

( )

通学時間	人数
0分(以上)〜10分(未満)	0
10分〜20分	2
20分〜30分	11
30分〜40分	15
40分〜50分	8
50分〜60分	
60分以上	2
計	45

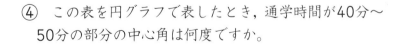

よくわからなかったり，まちがえたりした問題は
よく復習してから，もう一度やり直してみよう。

得点 点

※〔　〕は，ほかの答え方です。

1　5年生の復習　①　1・2ページ

1　①259.62　　②8.475

2　①7　　　②12

3　①$\left(\dfrac{15}{20}, \dfrac{8}{20}\right)$　　②$\left(\dfrac{9}{24}, \dfrac{10}{24}\right)$

4　①2割　　　　②1割2分5厘

　　③3割1厘　　④12割5分

5　42×3＝126　　　　　**答え** 126km

6　①8×9＝72　　　　　**答え** 72cm²

　　②12×10÷2＝60　　**答え** 60cm²

7　①三角形CBO　　②三角形CDB

8　①（読み物）39，（社会）29，（理科）22，

　　（その他）10，（合計）100

②

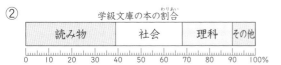

学級文庫の本の割合

| 読み物 | 社会 | 理科 | その他 |

0　10　20　30　40　50　60　70　80　90　100%

解き方

4

割合を表す 小数や整数	1	0.1	0.01	0.001
歩合	10割	1割	1分	1厘

8　① 読み物：35÷90＝0.3$\overset{9}{8}$8…　→ 39%

　　社　会：26÷90＝0.2$\overset{9}{8}$8…　→ 29%

　　理　科：20÷90＝0.2$\overset{}{2}$2…　→ 22%

　　その他：9÷90＝0.1　→ 10%

2　5年生の復習　②　3・4ページ

1　①936　　②369

2　①0.4　　②0.625　　③$\dfrac{3}{10}$　　④$\dfrac{157}{100}\left[1\dfrac{57}{100}\right]$

3　(7＋6＋11＋5＋9＋10＋12)÷7＝8.5$\overset{6}{7}$…

　　　　　　　　　　　答え 8.6さつ

4　①(180－36)÷2＝72　　**答え** 72°

　　②180－(85＋55)＝40，180－40＝140

　　　　　　　　　　　答え 140°

5　12×3.14＋12×2＝61.68　**答え** 61.68cm

6　(4＋7)×3÷2＝16.5　　**答え** 16.5cm²

7　7×10×5－7×4×2＝294　**答え** 294cm³

8　①117　　②A県

3　分　数　①　5・6ページ

1　①1　　②$\dfrac{1}{2}$　　③$\dfrac{1}{4}$　　④$\dfrac{1}{3}$　　⑤$\dfrac{1}{6}$

　　⑥$\dfrac{1}{12}$　　⑦$\dfrac{1}{60}$　　⑧$\dfrac{3}{4}$　　⑨1$\dfrac{5}{6}$　　⑩3$\dfrac{5}{12}$

2　①60　　②1　　③17　　④2　　⑤3

　　⑥4　　⑦6　　⑧10　　⑨50　　⑩12

　　⑪48　　⑫15　　⑬45　　⑭20

　　⑮8，40　　　⑯4，30

3　①1　　②$\dfrac{1}{2}$　　③$\dfrac{1}{4}$　　④$\dfrac{1}{3}$　　⑤$\dfrac{1}{6}$

　　⑥$\dfrac{1}{12}$　　⑦$\dfrac{1}{60}$　　⑧$\dfrac{3}{4}$　　⑨1$\dfrac{1}{5}$　　⑩5$\dfrac{2}{15}$

4　①60　　②1　　③59　　④2　　⑤3

　　⑥4　　⑦28　　⑧6　　⑨10　　⑩12

　　⑪48　　⑫15　　⑬45　　⑭20

　　⑮4，40　　　⑯2，30

① ⑩ 3時間25分＝$3\frac{25}{60}$時間＝$3\frac{5}{12}$時間

② ⑮ $\frac{2}{3}$時間＝$60×\frac{2}{3}$分＝40分

$8\frac{2}{3}$時間＝8時間40分

③ ⑩ 5分8秒＝$5\frac{8}{60}$分＝$5\frac{2}{15}$分

④ ⑮ $\frac{2}{3}$分＝$60×\frac{2}{3}$秒＝40秒

$4\frac{2}{3}$分＝4分40秒

4 分 数 ②

7・8ページ

① ① $\frac{7}{3}$ ② $\frac{9}{4}$ ③ $\frac{16}{9}$ ④ $\frac{5}{2}$ ⑤ $\frac{14}{3}$

⑥ $\frac{8}{5}$ ⑦ $\frac{3}{7}$ ⑧ $\frac{2}{5}$ ⑨ $\frac{10}{3}$ ⑩ $\frac{7}{15}$

⑪ $\frac{5}{19}$ ⑫ $\frac{1}{6}$ ⑬ $\frac{3}{7}$ ⑭ $\frac{5}{12}$ ⑮ $\frac{5}{22}$

⑯ $\frac{9}{47}$ ⑰ $\frac{12}{43}$ ⑱ $\frac{10}{27}$

② ① $\frac{1}{4}$ ② $\frac{1}{9}$ ③ $\frac{1}{12}$

③ ① $\frac{10}{7}$ ② $\frac{10}{9}$ ③ $\frac{10}{17}$ ④ $\frac{10}{29}$

⑤ $\frac{10}{33}$ ⑥ $\frac{10}{79}$

④ ① $\frac{100}{7}$ ② $\frac{100}{3}$ ③ $\frac{100}{9}$ ④ $\frac{100}{13}$

⑤ $\frac{100}{31}$ ⑥ $\frac{100}{79}$ ⑦ $\frac{100}{167}$ ⑧ $\frac{100}{291}$

⑨ $\frac{100}{333}$ ⑩ $\frac{100}{473}$ ⑪ $\frac{100}{751}$ ⑫ $\frac{100}{999}$

⑤ ① $\frac{5}{2}$ ② $\frac{5}{3}$ ③ $\frac{5}{4}$ ④ $\frac{5}{6}$ ⑤ $\frac{5}{7}$

⑥ $\frac{5}{8}$ ⑦ $\frac{5}{9}$ ⑧ $\frac{50}{3}$ ⑨ $\frac{20}{3}$ ⑩ $\frac{25}{2}$

⑪ $\frac{50}{11}$ ⑫ $\frac{4}{3}$ ⑬ $\frac{50}{61}$ ⑭ $\frac{4}{5}$ ⑮ 10

⑯ 5 ⑰ 2 ⑱ 100 ⑲ 25 ⑳ 4

分数の逆数は，分子と分母を
入れかえた分数になります。

② 　整数を分数になおしてから逆数を求めます。

② 　$9＝\frac{9}{1}$なので，逆数は$\frac{1}{9}$になります。

③ 　小数を分数になおしてから逆数を求めます。

② 　$0.9＝\frac{9}{10}$なので，逆数は$\frac{10}{9}$です。

④ 　② $0.03＝\frac{3}{100}$なので，逆数は$\frac{100}{3}$になります。

⑤ ⑯ $0.2＝\frac{2}{10}＝\frac{1}{5}$なので，逆数は$\frac{5}{1}＝5$です。

5 円 ①

9・10ページ

① ① $1×1×3.14＝3.14$ 答え 3.14cm²

② $3×3×3.14＝28.26$ 答え 28.26cm²

③ $5×5×3.14＝78.5$ 答え 78.5cm²

④ $4÷2＝2$，$2×2×3.14＝12.56$

答え 12.56cm²

⑤ $8÷2＝4$，$4×4×3.14＝50.24$

答え 50.24cm²

⑥ $12÷2＝6$，$6×6×3.14＝113.04$

答え 113.04cm²

② ① $3×3×3.14÷2＝14.13$ 答え 14.13cm²

② $4÷2＝2$，$2×2×3.14÷2＝6.28$

答え 6.28cm²

③ $8÷2＝4$，$4×4×3.14÷2＝25.12$

答え 25.12cm²

④ $10÷2＝5$，$5×5×3.14÷2＝39.25$

答え 39.25cm²

⑤ $2×2×3.14÷4＝3.14$ 答え 3.14cm²

⑥ $3×3×3.14÷4＝7.065$ 答え 7.065cm²

⑦$6×6×3.14÷4=28.26$ 答え 28.26cm²

⑧$5×5×3.14÷4=19.625$

答え 19.625cm²

ポイント

円の面積＝<u>半径×半径×3.14</u>

半径

・・・・・・・・・・・・・・・・・・・・・・・・・・・・・・

解き方

❶ ④ 半径の長さを求めてから面積を求めます。

❷ ⑦ 半径が6cmの円を4等分した形なので，
半径が6cmの円の面積を4でわります。

6 円 ②   11・12 ページ

❶ ①$6×6×3.14−4×4×3.14=62.8$

答え 62.8cm²

②$4÷2=2$, $4×4×3.14−2×2×3.14$
　$=37.68$　　　答え 37.68cm²

③$12÷2=6$, $10÷2=5$, $2÷2=1$,
　$6×6×3.14−5×5×3.14−1×1×3.14$
　$=31.4$　　　答え 31.4cm²

④$8÷2=4$, $4×4×3.14+8×10=130.24$
答え 130.24cm²

⑤$10÷2=5$, $5×5×3.14÷2×4+10×10$
　$=257$　　　答え 257cm²

⑥$18÷2=9$, $9×9×3.14−18×18÷2$
　$=92.34$　　　答え 92.34cm²

❷ ①$15÷2=7.5$,
　$15×15−7.5×7.5×3.14=48.375$

答え 48.375cm²

②$20÷2=10$, $20×20−10×10×3.14=86$
答え 86cm²

③$20÷2=10$, $10÷2=5$,
　$10×10×3.14÷2−5×5×3.14=78.5$
答え 78.5cm²

④$10÷2=5$, $8÷2=4$,
　$5×5×3.14÷2−4×4×3.14÷2=14.13$
答え 14.13cm²

⑤$14÷2=7$,
　$14×14×3.14÷4−7×7×3.14÷2$
　$=76.93$　　　答え 76.93cm²

⑥$16÷2=8$, $12÷2=6$, $4÷2=2$,
　$8×8×3.14÷2+6×6×3.14÷2+2×2$
　$×3.14÷2=163.28$　答え 163.28cm²

解き方

❷ ① 下のように，2等分して白い部分を合わ
せると，1つの円になります。

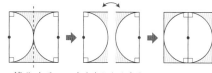

2等分する。　左右を入れかえる。

正方形の面積から円の面積をひいて求め
ます。

$\underset{\text{正方形の面積}}{\underline{15×15}} − \underset{\text{円の面積}}{\underline{7.5×7.5×3.14}} = 48.375(\text{cm}^2)$

7 体 積 ①   13・14 ページ

❶ ①$3×4×7=84$　　　答え 84cm³

②$3×4×1=12$　　　答え 12cm³

③$12×7=84$　　　答え 84cm³

④$3×4=12$　　　答え 12cm²

⑤⑦同じ　④底面積

⑥$12×7=84$　　　答え 84cm³

❷ ①$32×5=160$　　　答え 160cm³

②$2×2×10=40$　　　答え 40cm³

③$8×5÷2×6=120$　　　答え 120cm³

④$9×2÷2×7=63$　　　答え 63cm³

❸ ①$4×5×8=160$　　　答え 160cm³

②$10×10×10=1000$　　答え 1000cm³

③8×12÷2×10＝480 　答え 480cm³

④10×3÷2×8＝120 　答え 120cm³

⑧10×10×3.14×10−5×5×3.14×10＝2355

答え 2355cm³

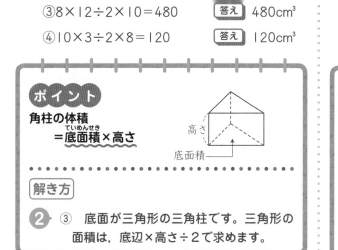

ポイント

角柱の体積
＝底面積×高さ

底面積

解き方

2 ③ 底面が三角形の三角柱です。三角形の面積は，底辺×高さ÷2で求めます。

ポイント

円柱の体積＝底面積×高さ

高さ

底面積

解き方

3 ③ 底辺が6cm，高さが6cmの三角形の面が底面です。

④ 底面の形は台形です。台形の面積は，（上底＋下底）×高さ÷2で求めます。

⑦ 底面は円を4等分した形なので，底面積は円の面積を4でわって求めます。

⑧ 円柱の内側に円柱の形のあながあいたものです。大きな円柱の体積から，内側の円柱の体積をひいて求めます。

8 体 積 ②
15・16 ページ

1 ①6×6×3.14＝113.04 　答え 113.04cm²

②5×5×3.14＝78.5 　答え 78.5cm²

2 ①6×6×3.14×8＝904.32

答え 904.32cm³

②3×3×3.14×12＝339.12

答え 339.12cm³

③4×4×3.14×6＝301.44

答え 301.44cm³

④4×4×3.14×6＋2×2×3.14×3＝339.12

答え 339.12cm³

⑤4×4×3.14×5÷2＝125.6

答え 125.6cm³

3 ①4×4×4＝64 　答え 64cm³

②8×8÷2×8＝256 　答え 256cm³

③6×6÷2×15＝270 　答え 270cm³

④(7＋9)×5÷2×10＝400

答え 400cm³

⑤3×3×3.14×10＝282.6

答え 282.6cm³

⑥1×1×3.14×15＝47.1 　答え 47.1cm³

⑦4×4×3.14÷4×7＝87.92

答え 87.92cm³

9 比 ①
17・18 ページ

1 ①40 ②4 ③2 ④12 ⑤6

⑥4 ⑦3 ⑧2

2 ①4：9 ②0.7：1.6

③13：7 ④5：4

⑤25：18 ⑥9：17

3 ①8：15 ②27：16

10 比 ②
19・20 ページ

1 ①A：B＝(2：3)，C：D＝(4：6)

②2：3 ③いえる

2 ①2：4 ②3：9 ③8：6 ④15：6

3 ①10 ②12 ③9 ④12

⑤16 ⑥25 ⑦9 ⑧36

⑨3 ⑩4 ⑪3 ⑫3

⑬3 ⑭3 ⑮27，3 ⑯7，1

11 比 ③ 21・22 ページ

1 ① 1 ② 2 ③ $\frac{1}{2}$〔または0.5〕 ④ $\frac{2}{3}$

2 ① $\frac{1}{3}$ ② $\frac{5}{7}$ ③ $\frac{3}{8}$〔または0.375〕 ④ $\frac{2}{3}$

⑤ $\frac{3}{4}$〔または0.75〕 ⑥ 3

⑦ $\frac{7}{5}$〔または$1\frac{2}{5}$，または1.4〕

⑧ $\frac{8}{3}$〔または$2\frac{2}{3}$〕

⑨ $\frac{2}{3}$ ⑩ $\frac{4}{5}$〔または0.8〕

3 ① 2：6 ② 9：15

4 ① 2：3 ② 1：2 ③ 3：4

④ 4：3 ⑤ 4：7 ⑥ 9：8

5 ① 3：5 ② 14：11

③ 1：2 ④ 1：4

ポイント

$a：b$の比の値 $\rightarrow a \div b = \dfrac{a}{b}$

・・・・・・・・・・・・・・・・・・・・・・・・・・・

解き方

2 ④ $4 \div 6 = \dfrac{4}{6} = \dfrac{2}{3}$ ⑥ $3 \div 1 = \dfrac{3}{1} = 3$

3 ① 1：3と比の値が等しい比を選びます。

1：3の比の値は，$1 \div 3 = \dfrac{1}{3}$

2：6の比の値は，$2 \div 6 = \dfrac{2}{6} = \dfrac{1}{3}$

4 ③ 12と16を，最大公約数の4でわります。

5 ② $1\dfrac{3}{11} = \dfrac{14}{11}$

$\dfrac{14}{11}$が比の値になる比は，14：11です。

④ $0.25 = \dfrac{25}{100} = \dfrac{1}{4}$

$\dfrac{1}{4}$が比の値になる比は，1：4です。

---

12 対称な図形 ① 23・24 ページ

1 ⑦（○） ⑦（ ） ⑦（○） ⑦（ ）

⑦（ ） ⑦（○） ⑦（ ） ⑦（ ）

2 ⑦（○） ⑦（ ） ⑦（ ） ⑦（ ）

3 ⑦（ ） ⑦（○） ⑦（○） ⑦（○） ⑦（ ）

4 ⑦（○） ⑦（ ） ⑦（ ） ⑦（○）

⑦（○） ⑦（ ） ⑦（ ） ⑦（ ）

5 ⑦ 正方形（○） ⑦ 長方形（○） ⑦ 平行四辺形（ ） ⑦ ひし形（○）

⑦ 正三角形（○） ⑦ 二等辺三角形（○） ⑦ 直角三角形（ ） ⑦ 直角二等辺三角形（ ）

---

13 対称な図形 ② 25・26 ページ

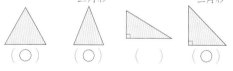

1 ① ② ③ ④

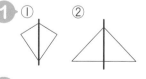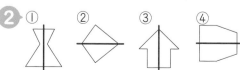

2 ① ② ③ ④

③ ①2本　　②2本　　③3本　　④4本

④ ①点ア→点ク，点イ→点キ

　点ウ→点カ，点エ→点オ

　②辺アイ→辺クキ，辺イウ→辺キカ

　辺ウエ→辺カオ

　③角ア→角ク，角イ→角キ

　角ウ→角カ，角エ→角オ

⑤ ①点コ　　　②点エ　　③辺アイ

　④辺コケ　　⑤角イ　　⑥角オ　　⑦アカ

ポイント

線対称な形は，対称の軸を折り目にして二つに折ると，ぴったり重なります。

・・・・・・・・・・・・・・・・・・・・・・・

解き方

③ それぞれの対称の軸は次のようになります。

①

②

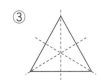
③

④

---

14 対称な図形 ③

27・28 ページ

1 ①90°　　②直線カシ　　③直線キサ

2 ①90°　　②3 cm　　③100°

　④3 cm　　⑤5 cm

3

①
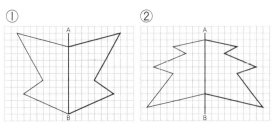
②

（右段）

③
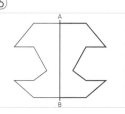
④

⑤
⑥

ポイント

・線対称な形では，対応する点を結んだ直線と対称の軸は，垂直(90°)に交わります。

・対称の軸と交わる点から対応する点までの長さは，等しくなります。

・・・・・・・・・・・・・・・・・・・・・・・

解き方

2 ② 直線キカと対応する直線は直線ウエです。

　⑤ 直線ウスと直線キスの長さは等しくなるので，直線ウスの長さは，

　　10÷2=5(cm)

3 ② 対称の軸までの方眼の数が同じになるように，対応する点をとります。

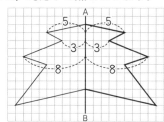

　⑤ 対応する点は，次のようにとります。

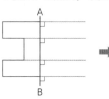
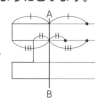

直線ABに垂直な線をひきます。

対称の軸からの長さが等しくなるように，点をとります。

1
⑦  （　）
① 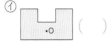 （　）

⑦ （　）　 ① 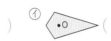 （○）

2
⑦ （　）
① （　）

⑦  （○）
① （　）

⑦ （○）
① （　）

3 ①点E　②点F　③辺ED　④角H

⑤点O　⑥直線OE　⑦直線OF

4 ①対称の中心　②7.3cm　③110°

④10.6cm　⑤8cm

ポイント

・点対称な形は，点Oを中心に180°回転させると，ぴったり重なります。

・対応する点を結んだ直線は，対称の中心を通ります。

・対称の中心から対応する点までの長さは，等しくなります。

‥‥‥‥‥‥‥‥‥‥‥‥‥‥‥‥‥‥‥‥‥

解き方

4 ① 直線BG，直線CHは，それぞれ対応する点を結んだ直線です。

② 辺FGと対応するのは辺ABです。

④ 点Cと点Hは対応する点なので，直線OCと直線OHの長さは等しくなります。

⑤ 対称の中心から対応する点までの長さは等しいので，16÷2=8(cm)

1
①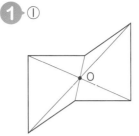
②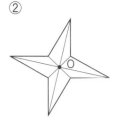

③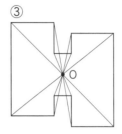
④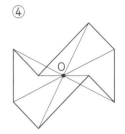

2
①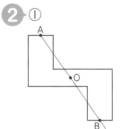
②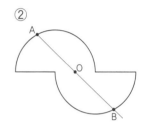

3
①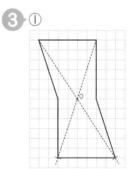
②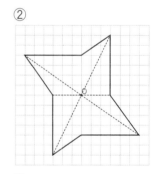

③
④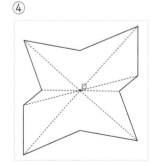

1 ①点 A →点 D，点 B →点 E，点 C →点 F

　②辺 A B →辺 D E，辺 B C →辺 E F，

　　辺 C A →辺 F D

　③角 A →角 D，角 B →角 E，角 C →角 F

　④角 D →53°，角 F →90°，角 E →37°

　⑤3 倍　　　⑥15cm　　　⑦3 倍

　⑧$\frac{1}{3}$　　　⑨1：3

2 ①2 倍　　②$\frac{1}{2}$　　③2.5cm　　④2 cm

　⑤6 cm　　⑥1：2　　⑦8 cm　　⑧7.4cm

ポイント

拡大図や縮図では，対応する角の大きさはそれぞれ等しくなります。

・・・・・・・・・・・・・・・・・・・・・・・・・・・・・・・・・・・・・

解き方

1 ④　角 E に対応するのは角 B です。角 B の大きさは，180 −（53 ＋ 90）＝ 37 で，37°です。

　⑦　⑤より，対応する辺の長さが 3 倍になっているので，3 倍の拡大図です。

　⑧　対応する辺の長さは$\frac{1}{3}$になっています。

　⑨　辺 AC と辺 DF をくらべます。
　　3：9 ＝ 1：3

2 ①　対応する辺の長さをくらべます。辺 HI は辺 CD の 2 倍の長さだから，2 倍の拡大図です。

　②　㋑が㋐の 2 倍の拡大図なので，㋐は㋑の$\frac{1}{2}$の縮図になります。

解き方

1　対応する点を結んだ直線の交点が，対称の中心になります。

2　点 A と対称の中心 O を直線で結びます。その直線と図形が交わった点が B です。

3　①　対応する点は，対称の中心までの長さが同じになるようにとります。

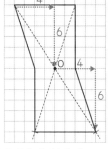

　③　対応する点は，次のようにとります。

 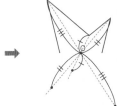

それぞれの点と，対称の中心を通る直線をひきます。　　対称の中心からの長さが等しくなるように，点をとります。

1 ①㋖　　②㋕　　③㋓　　④㋒

2 ①㋕，3 倍　　②㋑，$\frac{1}{2}$

3 （拡大図）㋕，（縮図）㋒

解き方

2　①　㋕は，対応する辺の長さがすべて 3 倍になっています。

　②　㋑は，対応する辺の長さがすべて$\frac{1}{2}$になっています。

3　対応する辺の長さの比が等しくなるものを選びます。㋕は，対応する辺の長さが 2 倍になっています。㋒は，対応する辺の長さが$\frac{1}{2}$になっています。

1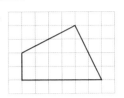

2 ①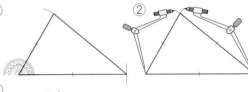

③

3 ①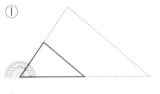

②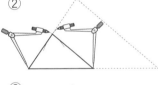

③

4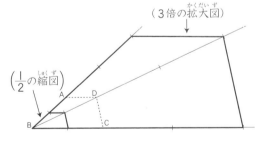
（3倍の拡大図）

（$\frac{1}{2}$の縮図）

5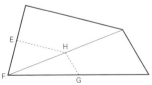

ポイント

拡大図や縮図は，角の大きさはもとの図形と同じで，辺の長さが変わります。

・・・・・・・・・・・・・・・・・・・・・・・・・・・・

解き方

1　それぞれの辺の長さが，もとの長さの2倍になるように，方眼を数えてかきます。

2　三角形ABCの辺の長さや角の大きさは，右の図のようになっています。

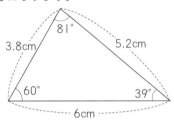

よって，2倍の拡大図は，下の図のような三角形になります。

81°
3.8cm　　5.2cm
60°　　39°
6cm

3　三角形ABCの辺の長さや角の大きさは，下の図のようになっています。

A
85°
4.4cm　　5.7cm
55°　　40°
B　7cm　C

よって，$\frac{1}{2}$の縮図は，右の図のような三角形になります。

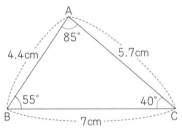
2.2cm　85°　2.85cm
55°　40°
3.5cm

1 ① $\frac{1}{1000}$　② $\frac{1}{1000}$

③ $1 \times 1000 = 1000$　　**答え** 1000cm

④ $3 \times 1000 = 3000$，　3000cm＝30m

答え 30m

② ① 1：1000　②$\frac{1}{1000}$

③ 1×1000＝1000, 1000cm＝10m

〔または1÷$\frac{1}{1000}$＝1000〕 答え 10m

④ 2.5×1000＝2500, 2500cm＝25m

答え 25m

③ ① 2×10000＝20000, 20000cm＝200m

〔または2÷$\frac{1}{10000}$＝20000〕

答え 200m

② 1.5×5000＝7500, 7500cm＝75m

答え 75m

③ 3×3000＝9000, 9000cm＝90m

答え 90m

④ 2×10000＝20000, 20000cm＝200m

答え 200m

⑤ 2.5×5000＝12500, 12500cm＝125m

答え 125m

④ ① 20m＝2000cm, 1÷2000＝$\frac{1}{2000}$

答え $\frac{1}{2000}$, 1：2000

② 500m＝50000cm, 1÷50000＝$\frac{1}{50000}$

答え $\frac{1}{50000}$, 1：50000

③ 1.2km＝120000cm, 24÷120000＝$\frac{1}{5000}$

答え $\frac{1}{5000}$, 1：5000

④ 3km＝300000cm, 12÷300000＝$\frac{1}{25000}$

答え $\frac{1}{25000}$, 1：25000

解き方

② ② 1：1000は, 実際の長さを$\frac{1}{1000}$の
長さに縮めた縮尺を表します。

21 比 例 ①

41・42 ページ

① ①○　②×　③×　④○　⑤○　⑥×

②

①

時 間(分)	1	2	3	4	5	6	7	…
水の量(L)	3	6	9	12	15	18	21	…

（ ○ ）

②

母の年れい(才)	25	26	27	28	29	30	31	…
子の年れい(才)	1	2	3	4	5	6	7	…

（ × ）

③

個 数(個)	1	2	3	4	5	6	7	…
代 金(円)	70	140	210	280	350	420	490	…

（ ○ ）

④

本 数(本)	1	2	3	4	5	6	7	…
テープの長さ(m)	12	6	4	3	2.4	2	$\frac{12}{7}$	…

（ × ）

⑤

時 間(時間)	1	2	3	4	5	6	7	…
道のり(km)	80	160	240	320	400	480	560	…

（ ○ ）

ポイント

2つの量について, 一方の量が2倍, 3倍, …に
なると, もう一方の量も2倍, 3倍, …になるとき,
この2つの量は比例しています。

• •

解き方

① ①④⑤　時間が2倍, 3倍, …になると,
水の深さは2倍, 3倍, …になるので,
比例しています。

②③⑥　時間が2倍, 3倍, …になっても,
水の深さは2倍, 3倍, …にならないので,
比例していません。

② ③

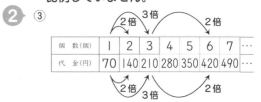

個 数(個)	1	2	3	4	5	6	7	…
代 金(円)	70	140	210	280	350	420	490	…

22 比 例 ②

1 ①$1 \div 3 = \frac{1}{3}$　　　答え $\frac{1}{3}$

②$3 \div 9 = \frac{1}{3}$　　　答え $\frac{1}{3}$

③$4 \div 8 = \frac{1}{2}$　　　答え $\frac{1}{2}$

④$12 \div 24 = \frac{1}{2}$　　答え $\frac{1}{2}$

2 ①（時間）　$2 \div 5 = \frac{2}{5}$　　答え $\frac{2}{5}$

　（水の深さ）　$8 \div 20 = \frac{2}{5}$　答え $\frac{2}{5}$

②（時間）　$6 \div 9 = \frac{2}{3}$　　答え $\frac{2}{3}$

　（水の深さ）　$24 \div 36 = \frac{2}{3}$　答え $\frac{2}{3}$

3 ①$y = \boxed{2} \times x$　②$y = \boxed{30} \times x$

③$y = \boxed{6} \times x$　④$y = \boxed{40} \times x$

4 ①$y = 150 \times x$　②×　③$y = 4 \times x$

ポイント

y が x に比例するとき，x と y の関係は，
$y =$ 決まった数 $\times x$ の式で表すことができます。

・・・・・・・・・・・・・・・・・・・・・・・・・・・・・・

解き方

3 ② y の値は，いつも x の値に30をかけた値になります。

4 ② $y = 5 - x$ の関係なので，y は x に比例しません。

23 比 例 ③

1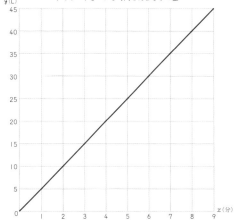
水そうに水を入れる時間とたまる水の量

2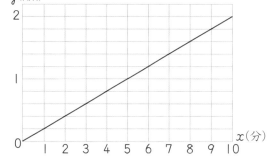
自転車の走った時間と走った道のり

3 テープの長さと代金

長さx(m)	0	1	2	3	4	5
代金y(円)	0	150	300	450	600	750

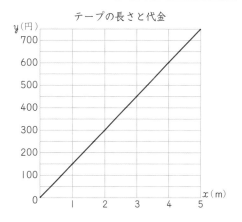
テープの長さと代金

24 比 例 ④

1 ①比例する　②30cm　③4分間　④5cm

2 ①比例する　②300g　③2m　④75g

6年生　数・量・図形
89

③①

長さx(m)	1	2	3	4	5	6
代金y(円)	120	240	360	480	600	720

②120　③$y=120\times x$

④①

時間x(時間)	1	2	3	4	5	6
道のりy(km)	60	120	180	240	300	360

②60　③$y=60\times x$

解き方

1 ①　グラフが0の点を通る直線なので，比例するといえます。

2 ④　はり金が2mのときの重さは，グラフから150(g)とよみとれます。はり金の重さは長さに比例するので，長さが$\frac{1}{2}$になると重さも$\frac{1}{2}$になります。$150\div2=75$(g)

3 ②　yがxに比例するとき，$y\div x$の値はいつも同じになります。xが1のときのyの値は120です。

③　yがxに比例するとき，$y=\square\times x$の$\square$は，$y\div x$の値になります。

25　反比例　①

49・50 ページ

1 ①○　　②×　　③×　　④○

2 ①

本　数x(本)	1	2	3	4	5	6	7	8	…
1本のひもの長さy(cm)	60	30	20	15	12	10	$\frac{60}{7}$	7.5	…

②

1分間に入れる水の量x(L)	1	2	3	4	5	6	7	8	…
かかる時間y(分)	12	6	4	3	2.4	2	$\frac{12}{7}$	1.5	…

3 ①

横の長さx(cm)	1	2	3	4	5	6	7	8	…	(×)
面　積y(cm²)	6	12	18	24	30	36	42	48	…	

②

人　数x(人)	1	2	3	4	5	6	7	8	…	(○)
1本の長さy(m)	24	12	8	6	4.8	4	$\frac{24}{7}$	3	…	

③

姉　x(個)	1	2	3	4	5	6	7	8	…	(×)
妹　y(個)	29	28	27	26	25	24	23	22	…	

④

時　速x(km)	10	20	30	40	50	60	70	80	…	(○)
かかる時間y(時間)	12	6	4	3	2.4	2	$\frac{12}{7}$	1.5	…	

ポイント

xが2倍，3倍，…になると，yが$\frac{1}{2}$，$\frac{1}{3}$，…になるとき，yがxに反比例するといいます。

解き方

1 ①④　xが2倍，3倍，…になると，yは$\frac{1}{2}$，$\frac{1}{3}$，…になるので，反比例します。

②③　xが2倍，3倍，…になると，yは$\frac{1}{2}$，$\frac{1}{3}$，…にならないので，反比例しません。

2 yはxに反比例するので，xが2倍，3倍，…になると，yは$\frac{1}{2}$，$\frac{1}{3}$，…になります。

①　$60\times\frac{1}{2}=30$，$60\times\frac{1}{3}=20$，…と計算していけばよいです。

26　反比例　②

51・52 ページ

1 ①$1\div3=\frac{1}{3}$　　答え $\frac{1}{3}$

②$36\div12=3$　　答え 3倍

③$5\div10=\frac{1}{2}$　　答え $\frac{1}{2}$

④$7.2\div3.6=2$　　答え 2倍

2 ①(時速)$2\div4=\frac{1}{2}$　　答え $\frac{1}{2}$

(時間)$6\div3=2$　　答え 2倍

②(時速)$4\div6=\frac{2}{3}$　　答え $\frac{2}{3}$

(時間)$3\div2=\frac{3}{2}$　　答え $\frac{3}{2}$

3 ①$y=16\div x$　　②$y=60\div x$

③$y=32\div x$　　④$y=200\div x$

4 ①×　　②$y=90\div x$

③$y=30\div x$　　④×

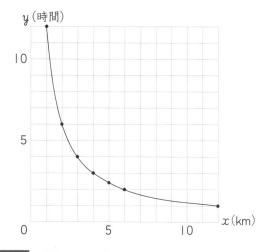

ポイント

y が x に反比例するとき，x と y の関係は，
$y=$決まった数$÷x$ の式で表すことができます。

$\cdots\cdots\cdots\cdots\cdots\cdots\cdots\cdots\cdots\cdots$

解き方

③　$y=\square÷x$ の $\square$ は，$x×y$ で求めること
ができます。

④　時間は道のり÷速さで求めることがで
きます。

④
① y は x に比例します。$y=120×x$ の
関係になります。

④　y は x に比例します。$y=40×x$ の
関係になります。

28 データの調べ方　① 55・56ページ

1 ①（1 班）

$(18+22+32+16+30+36+27+20+24)$
$÷9=25$

答え 25m

（2 班）

$(27+39+29+21+34+18+14+26)÷8$
$=26$

答え 26m

② 2 班

2 ① 4 人　　② 13 点

3 ① $(20+13+21+24+11+27+23+19+29$
$+24+18+23)÷12=21$

答え 21 点

② $(17+26+25+28+25+19+24+24+23$
$+28+25)÷11=24$

答え 24 点

③

④（A チーム）
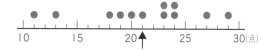

27 反比例　③ 53・54ページ

1
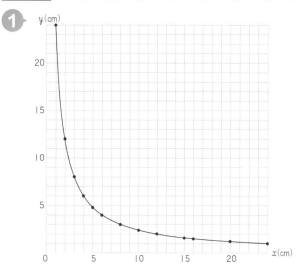

2
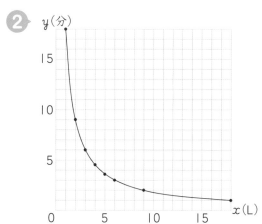

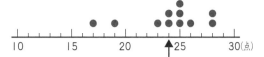

⑤（Aチーム）18点

（Bチーム）11点

ポイント

平均値＝合計÷個数

- - - - - - - - - - - - - - -

解き方

1 ② 1班と2班で人数が異なるので，平均値でくらべます。

2 ① 1つのドットが1人を表しています。17点が2人，18点と19点が1人ずついます。

② 19－6＝13

3 ⑤ Aチーム 29－11＝18
Bチーム 28－17＝11

---

29 データの調べ方 ② 57・58ページ

1 ①24.5cm ②24.0cm

2 ①15分 ②14分

3 ①（1組）6人 （2組）7人

②（1組）

$(1+2+4+5+5+6+7+8+9+10+10$
$+10+15+16+18)÷15=8.4$

答え 8.4さつ

（2組）

$(3+4+4+5+6+7+7+7+8+10+10$
$+12+15+17+17+20)÷16=9.5$

答え 9.5さつ

③2組

④1組

⑤1組

⑥10さつ

ポイント

・最頻値…最も多く出てくる値
・中央値…データを大きさの順にならべたときの中央の値
・データの個数が偶数のときは，中央の2つの値の平均を中央値とします。

- - - - - - - - - - - - - - -

解き方

1 ② データが13個（奇数）あるので，7番目の値が中央値になります。

2 ② データの個数が25個なので，中央値は13番目の値になります。

3 ④ それぞれのドットプロットで，ドットがいちばん多い値をくらべます。

⑤ 1組の中央の値は8だから，中央値は8（さつ）です。2組の中央の値は7と8だから，中央値は，$(7+8)÷2=7.5$（さつ）になります。

⑥ どちらか一方のドットプロットのドットを，もう一方のドットプロットにかきうつして調べます。

---

30 データの調べ方 ③ 59・60ページ

1 ①名前（山田，清水，小林，坂本，村上，青木）
人数（6人）

②（6年1組）16人 （6年2組）15人

③（6年1組）16÷5＝3.2 答え 3.2人

（6年2組）15÷5＝3 答え 3人

④3.2－3＝0.2 答え 6年1組が0.2人多い。

2 ①5＋3＋2＋3＋1＝14 答え 14人

②14÷5＝2.8 答え 2.8人

3 ①2＋2＋3＋2＋3＝12 答え 12人

②12÷5＝2.4 答え 2.4人

③12÷3＝4 答え 4人

---

31 データの調べ方 ④ 61・62 ページ

1 ①

投げたきょり(m)	人数(人)
15以上～20未満	1
20　　～25	2
25　　～30	2
30　　～35	6
35　　～40	5
40　　～45	2
合　計	18

②30m以上35m未満　③2人　④3人

⑤35m以上40m未満

2 ①25kg以上55kg未満

②35kg以上40kg未満

③⑦　　④⑦　　⑤⑦とカ，7人

解き方

1 ④　15m以上20m未満と20m以上25m
未満の人数をあわせて求めます。
1＋2＝3(人)

⑤　投げたきょりがいちばん遠い階級に2
人，次に遠い階級に5人いるので，遠く
に投げたほうから数えて7番目の人は，
35m以上40m未満の階級に入ります。

2 ④　47.5kgは，45kg以上50kg未満の階
級に入ります。

---

32 データの調べ方 ⑤ 63・64 ページ

1 ①

男子	女子
18人	22人
8.5秒以上9.0秒未満	9.0秒以上9.5秒未満
7人	16人
22%	9%
6%	41%

②10人

③8.5秒以上9.0秒未満

④9.0秒以上9.5秒未満

---

⑤13人，33%

2
（人）　　6年3組の通学時間

（グラフ）

3　　ソフトボール投げの記録

投げたきょり(m)	人数(人)
15以上～20未満	1
20　　～25	2
25　　～30	5
30　　～35	8
35　　～40	5
40　　～45	3
合　計	24

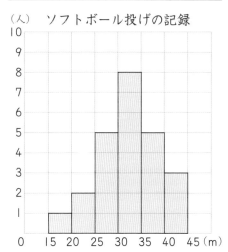

（人）　ソフトボール投げの記録

解き方

1 ①　8.5秒未満の人数の割合(男子)
4÷18＝0.222…
8.5秒未満の人数の割合(女子)
2÷22＝0.090…

⑤　6＋7＝13
13÷40＝0.325

33 いろいろなグラフ ① 65・66 ページ

1 ① 0 才以上 5 才未満

② 5.3+6.1+7.0＝18.4　5.2+6.0+6.9＝18.1

18.4+18.1＝36.5　答え 36.5%

③ 0.9+0.6+0.3+0.1＝1.9

1.1+0.8+0.5+0.3＝2.7　1.9+2.7＝4.6

6445万×0.046＝296.47万

答え 296万人

2 ①(1960年)10才以上20才未満

(2017年)70才以上

② 70才以上

③ 2017年

34 いろいろなグラフ ② 67・68 ページ

1 ① 6 km　② 4 km　③ 10km　④ 9 時

⑤ 9 時30分　⑥ 20分間　⑦ 9 時50分

⑧ 10時10分

2 ① 10km　② 5 km　③ 30分間　④ 5 km

3 ① 6 時20分　② 10分間

③ A駅から20kmのところ

4 ① 6 km　② 7 時20分　③ 10分間

④ 7 時30分　⑤ 50分

⑥ 8 時40分，3 km

解き方

1 ②　10−6＝4(km)

3 ③　ふつう列車は，2 本のグラフが交わると
ころで急行列車に追いこされます。

4 ⑤　A駅を 7 時に出発したバスは，7 時50
分にA駅にもどります。

⑥　A駅を 8 時30分に出発したバスのグラ
フは，市民公園を 8 時30分に出発したバ
スのグラフと交わっています。

この交わっている点から，すれちがう
時こくと道のりをよみとります。

35 いろいろなグラフ ③ 69・70 ページ

1 ①(1960年)16.1%　(1985年)20.8%

(2015年)32.7%

② 親と子どもの世帯

③ 夫婦のみの世帯，単独世帯

④ 減っている。

2 ①

		シンガポール	ローマ	東京
降水量	いちばん多い月	12月	10月	9月
	いちばん少ない月	2月	7月	12月
	差	180mm	89mm	169mm
気温	いちばん高い月	6月	8月	8月
	いちばん低い月	12月	1月	1月
	差	2.0℃	15.6℃	21.3℃

② ⓐローマ

ⓘシンガポール

ⓤ東京

解き方

1 ④　親と子どもの世帯やその他の二人以上
世帯の割合が減り，単独世帯の割合が増
えていることから，一世帯あたりの人数
は減っていると考えられます。

2 ②ⓐ　夏に降水量が少ないのはローマです。

ⓘ　シンガポールの折れ線グラフをみる
と，気温の差がほとんどないことがわ
かります。

ⓤ　冬に降水量が少ないのは東京です。

36 しんだんテスト ① 71・72 ページ

1 ① $\frac{1}{5}$　② 42

2 ① 4×8÷2×9＝144　答え 144cm³

② 3×3×3.14×8＝226.08　答え 226.08cm³

3 ① 30　② 56　③ 48　④ 135

4

（◎）　　（×）　　（△）　　（○）

5 2cm×5000＝10000cm＝100m

3cm×5000＝15000cm＝150m

答え たて100m, 横150m

6
時間x(分)	1	2	3	4	5	6	7	8	…
水の量y(L)	8	16	24	32	40	48	56	64	…

関係式　$(y＝)8×x$

7 ①1.5　②$y＝1.5×x$

③4.5

8 ①(30＋24＋34＋23＋19＋40＋28＋23＋36

＋14＋32＋24＋34＋24)÷14＝27.5

答え 27.5m

②(最頻値)24m

(中央値)26m

解き方

6 たまる水の量yは時間xに比例します。

7 ①　yがxに比例するとき, $y÷x$の値は決まった数になります。

グラフより, $x＝2$のとき$y＝3$なので, $y÷x$の値は, $3÷2＝1.5$です。

③　グラフからはわからないので, ②の式を使って求めます。

$y＝1.5×3＝4.5$

8 ②中央値は7番目と8番目の値の平均になります。

$(24＋28)÷2＝26$(m)

---

37 しんだんテスト ②

1 ①$\frac{5}{2}$　②9　③$\frac{100}{71}$　④4

2 ①12÷2＝6, 6÷2＝3

$6×6×3.14－3×3×3.14＝84.78$

答え 84.78cm²

②16÷2＝8, 8÷2＝4

$8×8×3.14÷2－4×4×3.14＝50.24$

答え 50.24cm²

---

3 ①1：2　②5：4

4

5

30°　70°
7cm

6
本数x(本)	1	2	3	4	5	6	7	8	…
1本のひもの長さy(cm)	24	12	8	6	4.8	4	$\frac{24}{7}$	3	…

関係式　$(y＝)24÷x$

7 ①35kg以上40kg未満

②⑦と⑦, 5人

③9人, 30%

解き方

5 対応する辺の長さを2倍に, 対応する角の大きさは等しくなるようにかきます。

6 1本のひもの長さyは本数xに反比例します。

7 ③　5＋4＝9, 9÷30＝0.3

---

38 発展問題 ①
75・76 ページ

1 ①19　②1875　③8：6：15

2 ①0.6　②36750

3 ①2020　②4450円

4 ⑦118°　⑦34°

5 ①42cm　②36cm³

6 15m²

7 10620校

6年生　数・量・図形

95

7 37.68cm³

8 ①7人　　②30分(以上)～40分(未満)

　　③80%　　④64°

解き方

1 ①　1をのぞく56の約数は，2，4，7，8，14，28，56です。分子がこれらの数の倍数のとき，約分できます。
1から56のうち2の倍数(偶数)は，
56÷2=28(個)
4，8，14，28，56の倍数は偶数なので，この28個にふくまれます。
1から56のうち7の倍数は，7，14，21，28，35，42，49，56です。このうち偶数でないのは，7，21，35，49の4個です。約分できる分数は，
28+4=32(個)になります。

3 ②　120000cm²=12m²，
0.01ha=100m²
0.001km²=1000m²
12+100+1000=1112

4 ①　2時間20分=$2\frac{1}{3}$時間
$72 \times 2\frac{1}{3} = 168$，168÷1.6=105
105分＝1時間45分

5 (72×3+80)÷4=74(点)

7 12.56÷3.14=4，4÷2=2
2×2×3.14×3=37.68(cm³)

8 ④　求める中心角は，下の図のあの角です。

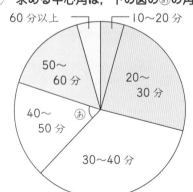

解き方

1 ①　$\frac{1}{4} < \frac{5}{\square} < \frac{3}{11}$ にあてはまる数を考えます。$\frac{1}{4}$ と $\frac{3}{11}$ を，それぞれ分子が5の分数になおすと，

$$\frac{1}{4} \xrightarrow{\times 5} \frac{5}{20}, \quad \frac{3}{11} \xrightarrow{\times \frac{5}{3}} \frac{5}{\frac{55}{3}} = \frac{5}{18.3\cdots}$$

よって，$\frac{5}{20} < \frac{5}{\square} < \frac{5}{18.3\cdots}$
□にあてはまる数は，19です。

2 ①　3×20000=60000
60000cm=600m=0.6km

3 ②　所持金の差が最小になるのは，A君の所持金が考えられるはんいで最も少なく，B君の所持金が考えられるはんいで最も多い場合です。
18150−13700=4450(円)

4 ⑦　180−62=118で，118°です。
　 ⑦　180−(84+62)=34で，34°です。

5 ②　組み立てた立体は三角柱になります。
3×4÷2×6=36(cm³)

6 (4−1)×(6−1)=3×5=15(m²)

7 円グラフより，中学校の割合は，
79−61=18(%)
よって，中学校の学校数は，
59000×0.18=10620(校)です。

39 発展問題 ②　　77・78 ページ

1 ①32　　②16　　③$2\frac{7}{12}\left[\frac{31}{12}\right]$

2 ①5個　　②33個

3 ①1850　　②1112

4 ①1時間45分　　②221m

5 74点